Daniel Pacheco
Victor Noble

Programação da produção para máquinas paralelas:

Daniel Pacheco
Victor Noble

Programação da produção para máquinas paralelas:

Métodos híbridos para ambientes de produção com tempos de preparação dependentes da sequência

ScienciaScripts

Imprint

Cover image: www.ingimage.com

This book is a translation from the original published under ISBN 978-613-9-00752-3.

Publisher:
Sciencia Scripts
is a trademark of
Dodo Books Indian Ocean Ltd. and OmniScriptum S.R.L publishing group

120 High Road, East Finchley, London, N2 9ED, United Kingdom
Str. Armeneasca 28/1, office 1, Chisinau MD-2012, Republic of Moldova, Europe
Managing Directors: Ieva Konstantinova, Victoria Ursu
info@omniscriptum.com

Printed at: see last page
ISBN: 978-620-8-37679-6

Conteúdo

DEDICAÇÃO

Com profunda gratidão, dedico este trabalho de investigação a Deus, fonte suprema da nossa inspiração e força. A sua orientação foi a luz que nos conduziu com sucesso ao culminar deste projeto académico, representando um dos nossos maiores desejos.

Com todo o meu coração, quero dedicar esta conquista de uma forma especial ao meu melhor amigo, **Armando Peña.** Como colega universitário e confidente, a sua memória vive nos nossos corações com amor e gratidão. Apesar da sua partida para o céu, vítima de um cancro implacável, o seu espírito corajoso, o seu carisma e a sua amizade inabalável deixam uma marca indelével neste trabalho. Que este trabalho conjunto seja uma homenagem sentida à sua memória e à amizade duradoura que habita eternamente nos nossos corações.

CAPÍTULO 1

INTRODUÇÃO

Na maioria das empresas, a sua competitividade baseia-se nos preços. Uma das opções para alcançar este objetivo é recorrer ao planeamento e controlo da produção (PCP). Esta área ajuda a planear, determinar, tomar decisões e identificar processos, de modo a determinar, por exemplo, quais são os aspectos em que a empresa incorre em mais despesas, de modo a que se possa fazer uma análise e/ou melhoria para minimizar os custos operacionais, para que a empresa possa ter uma maior produtividade sem deixar de lado a qualidade dos produtos (Prado Bustamante, 1992).
Os problemas de PCP mais estudados são o *dimensionamento de lotes* e o *sequenciamento* da produção, em que o objetivo do primeiro caso é fornecer uma estratégia de produção que possa determinar em que momento e em que quantidade cada produto deve ser produzido, tendo em conta as mudanças na procura ao longo do tempo (Padrón Cano, 2012).
Da mesma forma, a sequenciação da produção é feita de forma a facilitar e evitar custos diretos e indirectos que podem ser incorridos em qualquer cenário, como pode ser o caso dos custos de preparação de cada produto, custos de abertura de máquinas, entre outros. Estas decisões são tomadas com base nas necessidades de cada organização. Tomando como exemplo uma indústria que necessite de uma sequência de produção e que tenha apenas uma máquina, terá de saber que para cada período deve ser calculada uma sequência dos produtos manuseados pela empresa (Valero, Sabater, Bas, e Díaz, 2001).
Tradicionalmente, as decisões sobre estes problemas são tomadas separadamente, mas tem sido demonstrado que desta forma as decisões podem ser sub-óptimas ou tornarem-se inviáveis (Gómez Urrutia, Aggoune, e Dauzère-Pérès, 2014), razão pela qual atualmente se estudam problemas integrados, para que a maioria das empresas, sejam elas pequenas, médias ou grandes, consigam identificar e aplicar corretamente métodos que as ajudem a resolver eficazmente a sua programação da produção.
Quando se dá resposta ao problema do dimensionamento e sequenciação integrados da produção, obtêm-se benefícios ao longo de todo o horizonte de planeamento, uma vez que um bom plano de produção deve ser capaz de sequenciar inteligentemente os lotes de produtos e satisfazer uma variedade de condições para ser realista. É por isso que este problema também pode ser visto em ambientes de produção sincronizada de dois níveis, que podem ser observados, por exemplo, na produção de bebidas, fundições, grãos, indústria de recipientes de vidro, produção de ração animal, empresa farmacêutica, operações de fundição em areia, entre outros (Ferreira, Clark, Almada-Lobo, e Morabito, 2012).
O horizonte de planeamento acima referido baseia-se frequentemente no tempo, o que o torna um fator muito importante para as empresas tomarem decisões atempadas em determinados momentos críticos e/ou analíticos de uma organização. Este horizonte de planeamento pode ser formulado no âmbito de planos de longo, médio e curto prazo, que são conhecidos como os tipos de decisão de uma empresa, como se explica na Figura 1.1.

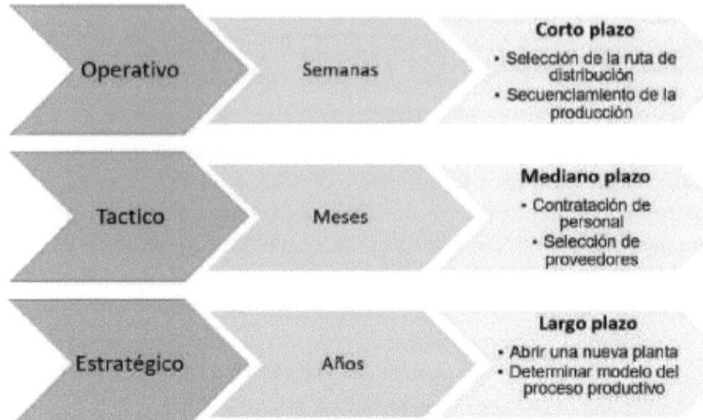

Figura 1.1: Tipos de decisão em ambientes de produção.
Fonte: Elaboração própria

Existem decisões de produção específicas a nível operacional, tais como a determinação da ordem de produção, o número de produtos e as quantidades a produzir em cada máquina. No início do estudo destas decisões, elas costumavam ser determinadas separadamente (Boonmee e Sethanan, 2016). Por exemplo, por um lado, determinava-se a ordem de produção e, por outro, as quantidades a produzir e a afetação às diferentes máquinas que compõem o chão de fábrica.

No entanto, estas decisões apresentam um *trade off* entre o sequenciamento e o dimensionamento, por um lado, se a ênfase for colocada no sequenciamento, são produzidos menos lotes, mas grandes, gerando altos níveis de inventário, por outro lado, se o dimensionamento for priorizado, são produzidos pequenos lotes, melhorando o custo de inventário, mas aumentando o número de lotes, aumentando assim o número de trocas entre produtos e, portanto, o custo *de setup* (Nobre Ramos, 2017).

O tema de investigação desenvolvido neste trabalho é um problema complexo que engloba precisamente os dois aspectos acima referidos, o dimensionamento de lotes e a sequenciação da produção. Este problema é considerado complexo por ser um problema combinatório com crescimento exponencial à medida que a sua dimensão aumenta.

Para resolver este problema, podem ser utilizados 2 tipos de abordagens: exacta ou aproximada, dentro da abordagem exacta os algoritmos mais utilizados são *Branch and Bound,* planos de corte, entre outros (Pousa, 2013). Enquanto que as heurísticas e metaheurísticas fazem parte da abordagem aproximada.

Tendo em conta o exposto, na presente investigação foi desenvolvido um conjunto de métodos aproximados (metaheurísticas) para dar resposta ao problema integrado de dimensionamento de lotes e sequenciação da produção em ambientes de produção paralela multi-máquinas com *setups* dependentes da sequência (PMSD-LSP), Embora seja verdade que os métodos exactos são notáveis por encontrarem uma solução óptima, geralmente estes métodos tendem a consumir muito tempo computacional, pelo que as metaheurísticas se tornam uma alternativa para este caso, pois não se preocupam em obter a melhor solução, mas sim em obter uma boa solução num tempo razoável, permitindo assim atingir os objectivos organizacionais propostos (Marti, 2003).

Agora, com o intuito de obter bons resultados tanto em termos de qualidade da solução quanto de tempo computacional, foi desenvolvida uma abordagem híbrida para as metaheurísticas propostas, de modo que a alocação e o sequenciamento da produção surgem a partir da adaptação das metaheurísticas, enquanto um modelo exato é responsável pelo dimensionamento dos lotes e avaliação da solução, vale ressaltar que essas duas partes trabalham em conjunto, ou seja, ambas dependem uma da outra para funcionar corretamente. Este método visa obter uma solução viável para este problema, onde se consegue determinar o sequenciamento da produção, a quantidade de produtos a serem feitos em determinados períodos para cada máquina e cada produto, além da decisão de quanto será inventariado ou adiado dependendo das condições que possam favorecer o ambiente de produção, de forma a atender as exigências e necessidades variáveis em relação ao tempo.

CAPÍTULO 2

DECLARAÇÃO DO PROBLEMA

2.1 Descrição do problema

O problema integrado de dimensionamento de lotes e sequenciação da produção com máquinas paralelas e *setups* dependentes da sequência (PMSD-LSP) é responsável por determinar as quantidades a produzir, inventariar e as quantidades a acumular, tendo em conta a capacidade de cada empresa. Ao mesmo tempo, é estudada a afetação destes produtos às diferentes máquinas e a ordem pela qual serão produzidos. Tudo isto é feito com o objetivo de reduzir o custo total associado a estas decisões.

Várias organizações gerem o seu plano de produção com uma configuração de várias máquinas a trabalhar em paralelo, como mostra a Figura 2.1. Os produtos podem ser atribuídos a algumas ou a todas estas máquinas, consoante o plano de produção. Podem existir tempos *de preparação,* que correspondem ao tempo gasto em ajustes, preparação das máquinas e/ou matérias-primas, entre outros, e que são efectuados antes de iniciar a operação de produção. Este tipo de sistema de produção é o estudado neste trabalho.

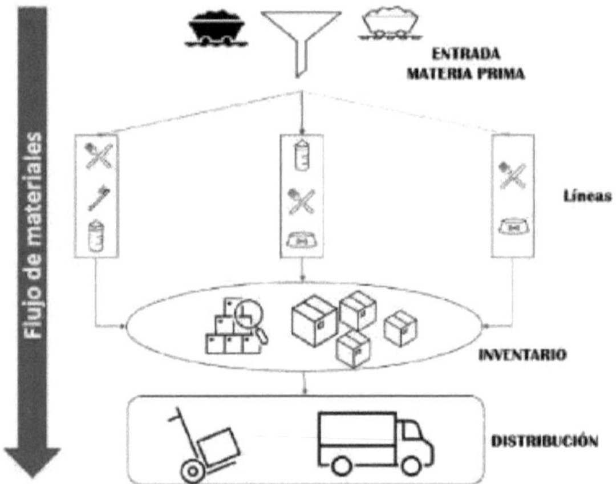

Figura 2.1: Configuração de um sistema de produção com várias máquinas a trabalhar em paralelo.

Fonte: Elaboração própria

A partir da Figura 2.1 apresentada acima, pode ver-se que existem várias máquinas que produzem produtos diferentes. Assume-se que todas as máquinas têm capacidade para fabricar todos os produtos. No entanto, num determinado plano de produção, um produto pode ser destinado a ser produzido apenas numa das máquinas (desde que seja feito apenas um lote nesse período) ou em várias máquinas. Finalmente, vai para uma fase de armazenamento e depois para a sua respectiva distribuição. A afetação pode ser melhor analisada na Tabela 2.1.

	Sequência			
Máquinas				
	Artigos	MEU	M2	M3
	Al	1	3	
	A2	2		
	A3	3	2	2

A4	1	1

Quadro 2.1: Sequência dos produtos nas máquinas

Fonte: Elaboração própria

A Tabela 2.1 mostra que existem 4 artigos e 3 máquinas. Cada máquina pode fabricar produtos diferentes, ou seja, um produto pode ser fabricado em qualquer uma das máquinas. No exemplo, note que o produto A4 não foi atribuído à máquina MI, o que significa que este produto não pode ser produzido nessa máquina, porque o plano de produção ótimo assim o indica. No entanto, a atribuição de um produto a todas as máquinas não garante a sua produção em todas as máquinas, devido aos critérios de capacidade que têm de ser cumpridos.

Também a partir da Tabela 2.1 podemos dizer que existe uma ordem (sequenciação) dos produtos para cada máquina. Por exemplo, para a máquina M2, primeiro será produzido o produto A4, em segundo lugar o produto A3 e por último o produto Al.

Quando se muda de produto nas máquinas, há *setups* dependentes da sequência, o que leva a tempos de produção mais longos, o que significa que, por exemplo, não é o mesmo produzir primeiro um refrigerante açucarado e depois um refrigerante *light,* do que produzi-los pela ordem inversa, uma vez que passar de um refrigerante açucarado para um refrigerante light demora mais tempo do que passar de um refrigerante *light* para um refrigerante açucarado, sendo de notar que pode haver produtos que passam por algumas máquinas ou produtos que têm de ser feitos depois de um determinado produto.

Por exemplo, cada máquina tem uma sequência para atingir o objetivo, o MI no seu plano de produção indica que deve produzir primeiro o Al, depois o A2 e, finalmente, o A3. Existem também as excepções acima mencionadas, em que alguns artigos não são produzidos em algumas máquinas, como o A4, que não pode ser produzido na MI.

As decisões de produção relacionadas com o dimensionamento e a sequenciação devem ser tomadas tendo em conta todos estes aspectos. Além disso, a estimativa dos custos relacionados com o dimensionamento (custos de inventário e de acumulação) e os custos relacionados com a sequenciação (custos *de preparação)* deve ser efectuada de forma consciente. Uma vez que uma determinação errada destes custos desequilibrará a tomada de decisão a favor de um ou outro objetivo.

Para realizar o planeamento a nível operacional, são utilizadas várias técnicas, como o planeamento heurístico baseado na experiência, a simulação, entre outras. Em alguns casos, são utilizados modelos matemáticos ou programados diferentes algoritmos que ajudam a obter resultados óptimos e muito benéficos no planeamento da produção. Estes modelos e algoritmos têm sido modificados e adaptados a diferentes problemas que vão surgindo ao longo do tempo.

Dos modelos matemáticos que surgiram para resolver o PMSD-LSP, destacam-se os seguintes: *O general lot sizing and scheduling* problem (GLSP), *O discrete lot sizing and scheduling problem* (DLSP), *O continuous setup lot sizing problem* (CSLP), *Capacited LotSizing Problem with Sequence Dependent Setup Cost* (CLSD), entre outros. Todos estes modelos nascem de um modelo base que é o *The capacitated lot sizing problem* (CLSP), sendo este um modelo destinado apenas ao dimensionamento, a partir deste os outros modelos surgem como extensões formuladas, onde são incluídas novas funcionalidades ao problema base para integrar o sequenciamento (Nobre Ramos, 2017). O CLSP considera períodos de planeamento em que vários produtos podem ser fabricados, o problema procura determinar quanto produzir em cada período de forma a que as encomendas com prazos de entrega anteriores ao final desse período sejam satisfeitas de forma a minimizar os custos incorridos (Absi, 2008). Vários investigadores e profissionais introduziram melhorias para o adaptar a diferentes situações, incluindo a capacidade variável das máquinas, a consideração dos trabalhadores, entre outros (Karimi, Ghomi e Wilson, 2003).

Embora estes modelos sejam muito eficientes, uma vez que são capazes de obter o ótimo global, não são tão eficientes no que diz respeito ao tempo de cálculo, o que pode gerar um gasto computacional considerável para problemas de dimensão real, isto deve-se ao facto de este tipo de modelos ter um grau de complexidade *NP-HARD* que implica a criação de milhões de variáveis dando lugar à geração de milhares de restrições (Bonrostro, 2015).

Devido à ineficiência computacional que pode ocorrer na resolução por métodos exactos, justifica-se a programação de diferentes algoritmos (Heurísticas, Metaheurísticas, entre outros) que sejam mais eficientes em tempo computacional e que gerem uma resposta viável ou mesmo um resultado ótimo de acordo com a flexibilidade e robustez do algoritmo.

Tendo em conta a existência de modelos matemáticos e de métodos de solução aproximados que permitem encontrar técnicas adaptativas, tais como meta-heurísticas e heurísticas, para resolver o problema do dimensionamento e sequenciação da produção, é natural que se questione a eficiência destas técnicas em condições de solução específicas.

Isto porque a maior parte da investigação consultada até ao momento apenas se centra numa das duas abordagens: a resolução exacta ou aproximada, sendo que as aproximadas podem ser as heurísticas que se baseiam no estudo de soluções exactas ou precisas, enquanto as metaheurísticas que se baseiam na procura de soluções não só exactas, mas também na procura de soluções aproximadas (Maldonado, 2016).

2.2 Formulação do problema

A partir do que foi descrito acima, propõe-se a seguinte questão-problema: Como resolver, por meio de métodos de solução aproximada, o problema integrado de dimensionamento de lotes e sequenciamento da produção em ambientes de produção paralela de várias máquinas com *setups* dependentes da sequência?

CAPÍTULO 3

OBJECTIVOS

3.1. Objetivo geral

Comparar, através de uma análise descritiva, o desempenho de diferentes algoritmos híbridos para o problema integrado de dimensionamento de lotes e sequenciação da produção em ambientes de produção paralela multi-máquinas com *configurações* dependentes da sequência.

3.2. Objectivos específicos

I. Analisar os algoritmos existentes e propostos que podem ser implementados para resolver o problema integrado do dimensionamento de lotes e da sequenciação da produção em ambientes de produção paralela multi-máquinas com *configurações* dependentes da sequência.

II. Adaptar diferentes métodos de solução aproximada escolhidos para o problema integrado de dimensionamento de lotes e sequenciação da produção em ambientes de produção paralelos com várias máquinas e com *configurações* dependentes da sequência.

III. Parametrizar os algoritmos escolhidos, se necessário, para a sua aplicação posterior.

IV. Contrastar, através de análise descritiva, a qualidade da solução e o tempo de resposta para cada algoritmo apresentado.

CAPÍTULO 4

QUADRO DE REFERÊNCIA

Quadro concetual

Investigação Operacional

A investigação operacional envolve geralmente a utilização de modelos matemáticos, estatísticas e algoritmos para modelar e resolver problemas complexos, determinando a solução óptima e permitindo assim a tomada de decisões. Implica frequentemente o estudo de sistemas reais complexos, com o objetivo de melhorar (ou otimizar) o seu desempenho. A investigação operacional permite analisar a tomada de decisões tendo em conta a escassez de recursos, para determinar a forma como um objetivo definido, como a maximização dos lucros ou a minimização dos custos, pode ser optimizado (Castillo, Conejo, Pedregal, García, e Alguacil, 2002).

Programação matemática

A programação matemática "é uma poderosa técnica de otimização utilizada no processo de tomada de decisão de muitas organizações, que utiliza modelos para representar os aspectos da realidade que têm influência no seu campo de interesse, neste caso as decisões que optimizam o funcionamento de um sistema" (UNED, 2017).

Dentro dos problemas que dizem respeito à programação matemática, existe sempre uma função objetivo que se procura maximizar ou minimizar, o que dependerá do contexto em que se está a trabalhar, esta função estará sujeita a um conjunto de condições, ou neste caso restrições, que devem necessariamente ser satisfeitas (Castillo e cois., 2002).

Algoritmo

Em matemática, lógica, ciências da computação e disciplinas afins, um algoritmo é um conjunto de instruções ou regras bem definidas, ordenadas e limitadas que geralmente permitem resolver problemas, efetuar cálculos, processar dados e realizar outras tarefas ou actividades. Dado o estado inicial e a entrada, seguir passos sucessivos para atingir o estado final e obter uma solução. O algoritmo consiste na procura de soluções para um problema específico (Vancells Flotats, 2002).

Os algoritmos podem ser encontrados tanto em actividades básicas como complexas. Um algoritmo é uma receita culinária, um algoritmo de divisão, um método de Monte Carlo ou uma transformada rápida de Fourier. Entendemos um algoritmo como uma estrutura de acções criada para realizar tarefas. Seguir um algoritmo não é o mesmo que construir um algoritmo, porque este último deve compreender como realizar as tarefas em profundidade para as decompor em acções e reintegrá-las para as construir (Sepúlveda, Díaz e Arrieta, 2014).

Meta-heurísticas

Os procedimentos ou algoritmos metaheurísticos são uma classe de métodos aproximados concebidos para resolver problemas difíceis de otimização combinatória em que as heurísticas clássicas não são eficazes nem eficientes. As metaheurísticas fornecem um quadro geral para a criação de novos algoritmos híbridos, combinando diferentes conceitos derivados da inteligência artificial, da evolução biológica e da mecânica estatística (Vélez e Montoya, 2007).

Heurística

De acordo com Pacheco Bonrostro (n.d.), as heurísticas são "métodos de solução que não garantem a obtenção da solução óptima, mas sim de uma solução que normalmente se aproxima da óptima, num menor tempo de cálculo (que normalmente cresce polinomialmente em função do número de variáveis)". Através deste conceito, as pessoas podem pôr à prova os seus conhecimentos e a sua criatividade, concebendo métodos e estratégias que ajudam a resolver rapidamente determinados problemas, problemas esses que, se forem estudados corretamente, respeitando as condições e as necessidades que se apresentam em cada momento, podem dar origem a soluções muito fiáveis que favorecem as organizações que apresentam incertezas urgentes ao longo do seu processo funcional (Bonrostro, Bonrostro, Bonrostro, Bonrostro, Bonrostro, Bonrostro, Bonrostro e Bonrostro, 2001).Bonrostro, 2015).

4.2 Quadro teórico

Planeamento y Controlo da produção

Dentro deste conceito baseia-se em grande parte o que pode ser o lucro de muitas organizações, um planeamento adequado da produção pode significar a poupança de muitos recursos, e se este não for devidamente controlado, começarão a sobressair erros que custariam a confiança da organização (Villay Pereira et al., 2013)..

O planejamento e controle da produção (PCP) começa estabelecendo o objetivo do sistema de produção, definindo os recursos, pessoal e equipamentos que serão necessários para atender as demandas que surgem ao longo de um determinado período, essas demandas podem estar mudando ao longo do período, e é através de um bom PCP definido pela empresa, que ela consegue atender as entregas no prazo, minimizando o que seriam custos de atrasos ou estoques desnecessários (Mesquita, 2017).Mesquita, 2017).

Há dois aspectos fundamentais a que o PCP deve dar prioridade: o primeiro é o dimensionamento dos lotes que estarão no ambiente de produção, ou seja, quantas unidades produzir em cada lote, em função do tempo máximo disponível para o produto a ser trabalhado e, portanto, da capacidade máxima que pode ser produzida, O número de máquinas utilizadas também influencia na decisão correta do dimensionamento do lote, assim como o número de produtos que estão sendo produzidos, e dependendo se a demanda esperada no próximo período deverá ser maior que a atual, a configuração do dimensionamento do lote poderá ser diferente, para atender a demanda e não incorrer em custos adicionais (Azocar e Hornig, 2014).

O segundo aspeto necessário para um bom planeamento e controlo da produção prende-se com a sequenciação da produção, ou seja, a ordem pela qual os lotes devem ser produzidos, neste contexto é importante ter em conta os tempos de processamento de cada lote e o tempo de espera quando ocorre uma alteração na produção, o ideal é encontrar a melhor sequência de processamento com o intuito de facilitar a produção dentro do sistema e expandir a capacidade dentro de cada período.

Métodos de solução

O problema integrado do dimensionamento de lotes e da sequenciação da produção é um problema peculiar, neste tipo de investigações procura-se otimizar um ou mais objectivos. Entre estes problemas, as variáveis aumentam significativamente à medida que a escala do problema aumenta. Por isso, o decisor deve dispor de ferramentas que o ajudem na sua decisão. Para este tipo de problema, diferentes soluções são aplicadas para tentar resolver o problema. Neste documento, estes métodos são divididos em dois tipos: métodos exactos e métodos aproximados.

I. **Métodos exactos**

O método exato é o método que tenta obter a melhor solução global, independentemente do tempo e dos recursos investidos na resolução do problema. Alguns métodos exactos específicos para um problema podem ser muito eficientes para problemas relativamente grandes, como é o caso do método húngaro para o problema da atribuição. Outros métodos exactos podem ser flexíveis para vários problemas, mas só podem ser utilizados eficientemente para problemas cuja dimensão permita encontrar a melhor solução num tempo razoável. É o caso das técnicas de solução baseadas no método simplex. Outros exemplos de métodos exactos incluem: programação linear, programação linear binária, método de Thangavelu, programação dinâmica (Bozer e Wang, 2012).

II. **Métodos aproximados**

Nos últimos anos, os métodos aproximados para estudar o problema do dimensionamento de lotes e da sequenciação da produção tornaram-se muito importantes porque podem ser utilizados como estimativas para a melhoria contínua e eficiente da empresa (Matai, Singh, e Mittal, 2010).

Mesmo que não se possa provar que a solução é óptima, os métodos aproximados revelam-se procedimentos eficazes para encontrar uma boa solução. Nestes métodos, a velocidade de processamento é tão importante como a qualidade da solução obtida (Puris, Hern, e Bayas, 2020). No entanto, estes dois aspectos dependerão de uma estimativa correta dos parâmetros do método e de uma programação eficiente do mesmo.

Entre estes métodos de aproximação, podemos encontrar principalmente dois tipos: heurísticos e metaheurísticos.

a) **Heurística**

Os métodos heurísticos são o processo de resolução de problemas de otimização bem definidos através de métodos intuitivos, em que a estrutura do problema é utilizada de forma inteligente para obter uma boa solução. Os algoritmos heurísticos podem encontrar "boas" soluções com tempo e recursos informáticos razoáveis em casos de problemas maiores, mas não podem oferecer uma garantia de encontrar a melhor solução para o problema. Baseiam-se na intuição dos investigadores e são normalmente desenvolvidos para problemas específicos (Fernandez et al., 1996).

A heurística é considerada a arte da invenção humana e o seu objetivo é encontrar estratégias, métodos e normas que possam resolver problemas através da criatividade, do desacordo ou do pensamento lateral. Da mesma forma, é verdade que o método heurístico se baseia na experiência do próprio indivíduo e na experiência dos outros para encontrar a solução mais viável (Huaracha Ortega, 2015).

Por exemplo, a heurística pode ser vista como uma teoria que estimula o pensamento das pessoas responsáveis pela análise de todos os materiais recolhidos durante a investigação. Neste sentido, é verdade que está relacionada com a tomada de decisões e pode resolver problemas sem garantir que as opções utilizadas são as mais adequadas (Heurística, n.d.).

Atualmente, enquanto disciplina científica, a heurística pode ser aplicada a qualquer ciência no sentido mais lato para desenvolver métodos, princípios, regras ou estratégias que ajudem a encontrar as soluções mais eficazes e eficientes para problemas de análise individual (Contreras, Sierra, Hernández, Hernández, & Moyotl, 2020).

Os métodos heurísticos são um conjunto de métodos e técnicas utilizados para resolver problemas quando é difícil encontrar a melhor solução. Por conseguinte, os métodos heurísticos são frequentemente utilizados em disciplinas científicas para obter os melhores resultados num problema específico (Camelo Salinas, 2020).

Estes métodos não são novos, de facto as heurísticas existem desde a Grécia antiga, no entanto, este termo foi popularizado pelo matemático George Pólya, no seu livro "How to solve it", no qual explica o método heurístico aos seus alunos de matemática, e a todos aqueles que desejam aprender a disciplina, através de quatro exemplos (Heuristics, n.d.):

- Se um problema não for compreendido, desenha-se um diagrama.
- Se não encontrarmos a solução, fingimos que já a temos e deduzimos a partir dela (raciocínio inverso).
- Se o problema for abstrato, é testado um exemplo concreto.
- Em primeiro lugar, é abordado e analisado um problema mais geral.

O filósofo e matemático Lakato acredita que a heurística é um conjunto de métodos ou regras que podem ser afirmativos ou negativos, e indicam quais são as medidas ideais para resolver problemas. Lakato apontou em seu trabalho sobre projetos de pesquisa científica que a estrutura de cada projeto pode ser orientada positiva ou negativamente (López-Jiménez, 2017).

Em relação ao que precede, as heurísticas positivas destinam-se a estabelecer orientações sobre a forma de desenvolver planos de investigação. Em contrapartida, as heurísticas negativas do programa significam algo que não pode ser alterado ou modificado. Por exemplo, na informática, as heurísticas incluem encontrar ou construir algoritmos com boa velocidade de execução, como jogos de computador ou programas que detectam se os e-mails são *spam* (López-Jiménez, 2017).

&) Meta-heurísticas

As metaheurísticas são um método heurístico utilizado para resolver uma classe de problemas computacionais gerais, utilizando os parâmetros dados pelos utilizadores em alguns processos gerais e abstractos através dos quais se espera obter resultados eficazes. Em geral, estes métodos de solução aproximada são dados a partir da complexidade de um dado problema, sabendo-se que o tempo computacional necessário para o resolver através de métodos exactos é um tempo muito elevado, onde se incorre em despesas demasiado elevadas (Crainic, Davidovic, e Ramljak, 2014).

A melhor solução computacional é difícil de obter para muitos problemas de otimização que são muito importantes na indústria e na ciência. De facto, é possível ficar satisfeito com a "boa" solução fornecida por estes métodos de solução aproximada (Heurísticas e Meta-heurísticas). A maior parte das meta-heurísticas destinam-se a problemas de otimização combinatória, mas podem evidentemente ser aplicadas a qualquer problema que possa ser reconstruído em termos heurísticos (Crainic et al, 2014).

A otimização combinatória insere-se na área da otimização matemática aplicada, que está relacionada com a investigação operacional e a complexidade computacional. Os algoritmos de otimização combinatória resolvem problemas que são geralmente difíceis de resolver, explorando o espaço de solução (geralmente grande) dessas instâncias. Os algoritmos de otimização combinatória atingem este objetivo reduzindo a dimensão efectiva do espaço e explorando eficientemente o espaço de pesquisa (Marti, 2003).

Gogna e Tayal (2013) sublinham que os métodos aproximados visam fornecer soluções de alta qualidade num período de tempo razoável (em vez de garantir uma solução globalmente óptima). Além disso, define as metaheurísticas como um processo iterativo generativo que orienta as heurísticas subordinadas através da combinação inteligente de diferentes conceitos para explorar o espaço de pesquisa.

De acordo com Abdel-Basset, Abdel-Fatah e Sangaiah (2018), uma metaheurística é uma estrutura algorítmica que é geralmente aplicada a vários problemas de otimização e pode ser adaptada a um determinado problema com apenas pequenas modificações. As metaheurísticas são gerais e podem ser aplicadas a qualquer problema de elevada complexidade, garantindo o seu desempenho, ao contrário das heurísticas, que só são muito eficazes quando são aplicáveis apenas a alguns tipos de problemas.

No entanto, Peralta-abarca e Moreno-bernal (2019) definem as metaheurísticas como um processo de pesquisa avançado que aplica uma (ou mais) regras heurísticas, que permite a exploração do espaço de pesquisa em vez da pesquisa exaustiva (em termos de tempo necessário e recursos computacionais) e é mais eficiente (em termos da qualidade das soluções computacionais) do que uma pesquisa heurística simples. A eficácia das meta-heurísticas depende da capacidade de acomodar dois conceitos-chave na pesquisa do espaço de solução, nomeadamente a exploração (diversificação) e o aproveitamento (intensificação). A Figura 4.1 mostra o comportamento em cada caso.

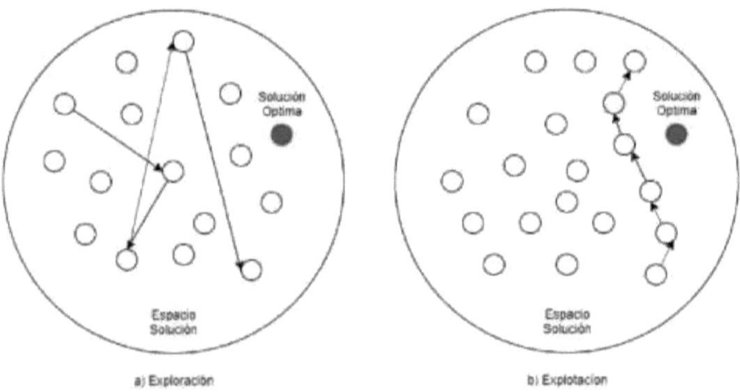

Figura 1: Fases de exploração e de intensificação.

Fonte: Martinez Lopez (2018)

Pode-se dizer que o processo de exploração é a capacidade da mctahcuristics de percorrer o espaço de solução para evitar ficar preso em ótimos locais. Por outro lado, o processo de exploração permite avaliar soluções adjacentes a partir das quais se espera encontrar a melhor solução (Martínez Lopez, 2018).

Em geral, uma boa mctahcuristic mantém o equilíbrio correto destes conceitos, explorando os óptimos de fuga locais quando estes são detectados e reforçando esses conceitos quando a solução apresenta uma elevada probabilidade de se aproximar da solução óptima (Martínez Lopez, 2018).

No entanto, as metaheurísticas são classificadas em categorias e subcategorias, mostrando a diversidade destes métodos de solução. A Figura 4.2 ilustra a taxonomia associada às metaheurísticas.

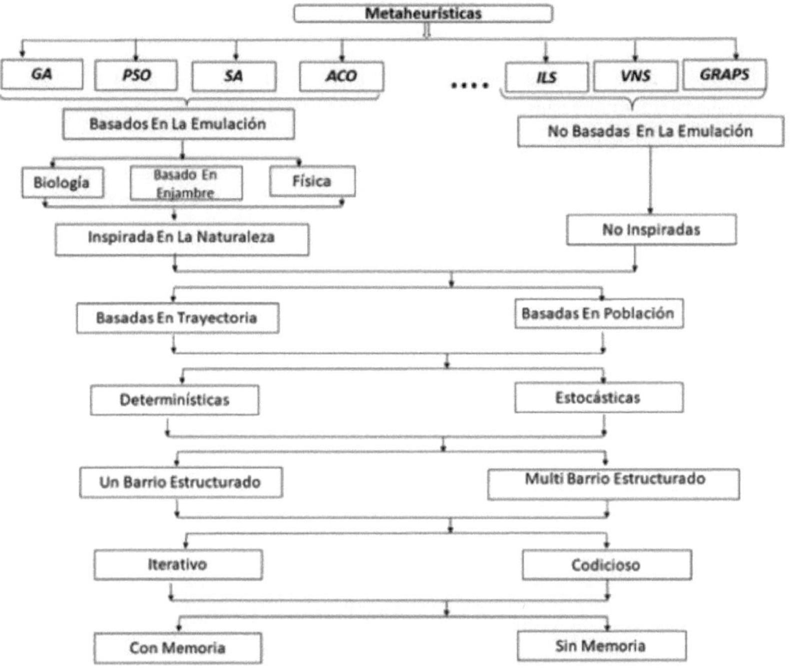

Figura 2: Taxonomia das Meta-heurísticas
Fonte: Abdel-Basset et al. (2018).

Analisando a figura apresentada, podemos observar que existem diferentes tipos de meta-heurísticas estudadas, entre elas, o algoritmo genético (GA), a otimização por enxame de partículas (PSO), o recozimento simulado (SA), a otimização por colónia de formigas (ACO), a pesquisa local iterada (ILS), a pesquisa em ambiente variável (VXS) e o procedimento de pesquisa adaptativa aleatória gulosa (GRAPS). Estas meta-heurísticas são classificadas como baseadas em emulação ou não baseadas em emulação. A emulação é o ato de imitar algo para o igualar. Podemos encontrar nas Meta-heurísticas baseadas na emulação que são inspiradas na natureza, a partir daqui decide-se se são baseadas na trajetória ou na população, bem como analisar se é estocástica ou determinística. Desta forma, os princípios e os métodos de classificação das metaheurísticas podem ser ilustrados.

Algoritmo genético

Os algoritmos genéticos são metaheurísticas evolutivas, frequentemente utilizadas em problemas de pesquisa e otimização de parâmetros, baseadas nos princípios da reprodução sexual e da sobrevivência dos mais aptos (Fogel Pedroso, 2000) (Fogel, Hsu, Shapiro, Xelson-Goens, e Secrist, 2006). Um dos primeiros a contribuir para este algoritmo foi Holland (1975), que desenvolveu uma técnica que imitava a seleção natural na sua execução.

Estes algoritmos estão divididos em várias etapas, sendo as mais importantes as etapas de seleção, cruzamento e mutação. Na fase de seleção, são escolhidos os melhores indivíduos, a que chamaremos pais, para depois se proceder ao seu cruzamento, como se trata de um algoritmo que tenta imitar o comportamento dos seres vivos, os pais selecionados são dois, estes serão os mais aptos e os que têm as melhores soluções em relação ao problema colocado. Existem dois tipos de seleção, uma seleção por roleta e uma seleção por torneio (Codio, 1995).

Uma vez selecionados os progenitores, procede-se a um cruzamento entre eles, dando origem a dois descendentes que adquirem genes de ambos os progenitores. Estes descendentes atingem então a fase de mutação, em que um ou mais genes mudam o seu valor aleatoriamente (Moujahid, Inza, e Larranaga, 2008). A Figura 4.3 mostra a estrutura básica de um algoritmo genético.

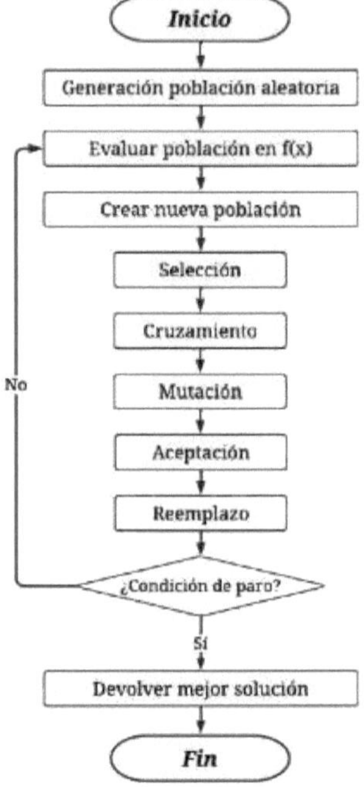

Figura 3: Fluxograma da estrutura básica de um algoritmo genético.

Fonte: Adaptado de Moya Rodríguez e Méndez (2013).

Algoritmo TLBO (Teaching and Learning Based Optimisation)

O algoritmo de otimização baseado no processo de ensino e aprendizagem (TLBO) foi proposto por Rao (2011), que procura simular o comportamento vivido numa sala de aula, em que o grupo de alunos é considerado como a população, e a nota média de cada aluno é semelhante ao valor de "fitness" do problema de otimização colocado (Rao, Kalyankar, & Waghmare, 2014).

Em particular, a qualidade dos professores afecta o desempenho académico dos alunos. É evidente que um bom professor treinará os alunos para obterem melhores notas (Rao, Savsani, & Vakharia, 2011). Como referido anteriormente, estas notas podem ser vistas como qualidade das soluções, que são gradualmente melhoradas através da simulação do processo de ensino do professor e da interação entre os alunos. Assim, mostra-se que o TLBO é um algoritmo que consiste em duas fases, a fase do professor e a fase do aluno.

I. **Fase do professor**

Dado um conjunto de alunos, ou seja, uma população inicial, cada um deles é avaliado e é escolhida a melhor em termos de solução, que pode ser a que produz o menor resultado na função objetivo por se tratar de um problema de minimização, esta melhor solução será considerada como a do professor, a partir daí inicia-se a fase de ensino, onde o professor tendo em conta um fator de ensino (TF) transmite o conhecimento aos alunos. Este fator é um número inteiro aleatório e é um valor de ponderação geral para a capacidade de ensino do professor (Cruz, Redondo, Alvarez, Berenguel, e Ortigosa, 2016), de modo a que o professor tenha a diversidade de ensinar muito bem o aluno de modo a que este fique completamente igual a ele, ou então que consiga transmitir pelo menos um dos seus conhecimentos ao aluno. Por fim, somente os alunos que após o ensino forem avaliados e melhorarem sua qualidade de solução poderão passar para a próxima fase, caso contrário, passarão como estavam antes desta fase ser aplicada.

IL **Fase de estudante**

Nesta fase, os alunos que aprenderam com o professor interagem entre si para adquirir mais conhecimentos, neste caso dos seus melhores colegas, pelo que um aluno aleatório é agrupado com outro aluno e só aprende algo novo se o seu colega tiver melhores notas do que ele (Rao et al., 2011). A Figura 4.4 mostra a estrutura básica de um algoritmo TLBO.

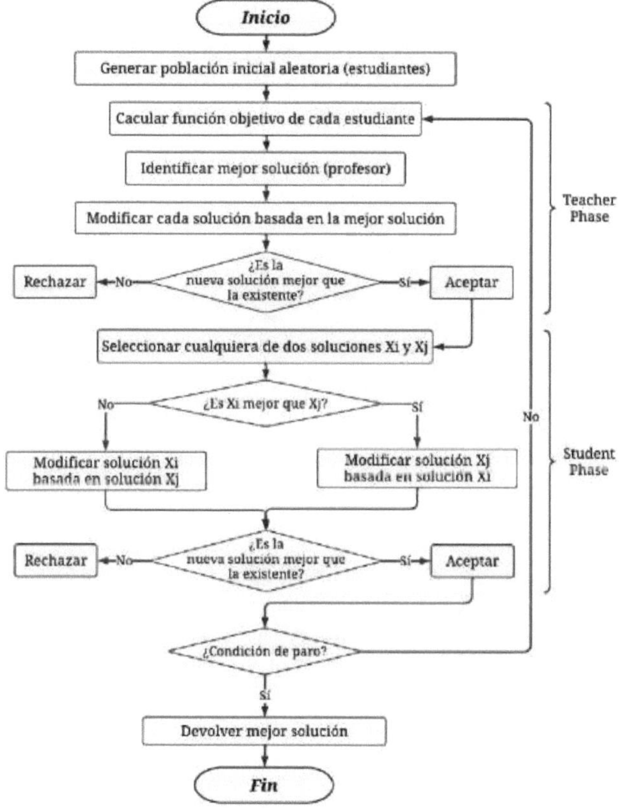

Figura 4: Fluxograma da estrutura básica do algoritmo TLBO.
Fonte: Adaptado de Rao et al. (2011)

4.3 Revisão da literatura

Com base no que é descrito no enunciado do problema, é necessário aprofundar o que tem sido trabalhado nos últimos anos relativamente ao problema integrado de dimensionamento de lotes e sequenciação da produção em ambientes de produção paralela multi-máquinas com *setups* dependentes da sequência. No entanto, alguns estudos fundamentais de anos muito posteriores não podem ser descartados, pois são a base para o desenvolvimento e realização deste trabalho, como é o caso do trabalho realizado por Drexl e Kimms (1997), onde o seu principal objetivo foi fazer uma revisão bibliográfica do modelo que dá solução ao problema de dimensionamento de lotes capacitados (CLSP) e as diferentes variantes que este pode ter, como resultado desta revisão e dados alguns métodos de solução exacta, é possível planear métodos de solução aproximada que satisfaçam determinadas condições.

A busca por soluções para problemas de dimensionamento e sequenciamento de lotes tem se tornado um desafio para muitos pesquisadores nos últimos anos. Toledo, da Silva Arantes, Hossomi, França e Akartunah (2015) conseguiram combinar duas heurísticas como *Relax and Fix* (RF) com *Fix and Optimize* (FO) para obter uma heurística simples, mas eficiente, chamada RFFO, na qual RF é usada para construir uma solução inicial que FO melhora ainda mais no tempo computacional disponível, esta investigação produziu resultados muito positivos no problema de programação da produção de recipientes de vidro em duas fases (TGCPSP), o que é motivador, uma vez que o foco principal desta investigação está direcionado para métodos de solução aproximados (heurísticas e metaheurísticas).

Continuando com a busca de soluções para o problema base CLSP, Almada-Lobo e James (2010) estavam interessados em metaheurísticas de busca para dimensionamento de lotes capacitados com configurações dependentes da sequência, o objetivo é desenvolver duas meta-heurísticas, Variable Environment Search (VNS) e Tabu Search (TS), para o problema CLSP com o objetivo de determinar qual das duas é mais eficiente para este problema, com a aplicação destas duas metaheurísticas, o resultado é que a VNS supera a TS desde que haja tempo suficiente disponível, ou seja, o que levaria a TS a ser mais eficiente em tempo computacional.

Boonmee e Sethanan (2016) desenvolveram uma metaheurística (GLNPSO) para o problema de programação e dimensionamento de lotes multinível na produção de ovos de galinha, aplicando a otimização por enxame de partículas (PSO) e a variante (GLNPSO) com o procedimento de pesquisa local e o desenvolvimento de estratégias de reinicialização e reordenação para melhorar as soluções, A partir daqui, o algoritmo GLNPSO, em comparação com o PSO tradicional, apresenta melhorias significativas, incluindo a eficiência do algoritmo em termos de tempo de computação.

Por sua vez Parsopoulos, Konstantaras, e Skouri (2015), buscaram a aplicação de um algoritmo a um conjunto de teste empregado em estudos anteriores, onde seu principal objetivo foi investigar minuciosamente o desempenho do popular algoritmo de evolução diferencial (DE), baseado em população, para o problema de dimensionamento de lote dinâmico de item único com retornos e remanufatura, resultando que DE é muito competitivo e pode ser considerado uma alternativa promissora para resolver os problemas considerados.

Seguindo a dinâmica dos problemas, Fandel e Stammen-Hegene (2006) centraram a sua investigação no dimensionamento e programação simultânea de lotes para a produção multinível de vários produtos através de um modelo exato, com o objetivo de minimizar a soma dos custos de preparação dependentes da sequência, dos custos de inventário, dos custos de produção e dos custos de manutenção das condições de preparação das máquinas, embora, devido à complexidade do modelo, apenas os problemas com um pequeno número de produtos e macro-períodos possam ser resolvidos de forma óptima.

Outro modelo preciso abordado nos últimos anos foi dado por Kis e Kovács (2013), para responder a um problema de dimensão de lote não capacitado a dois níveis com atrasos. A novidade desta abordagem reside na modelação das condições de otimização do seguidor utilizando uma formulação primária e uma formulação dupla para o mesmo problema ligadas por uma única equação, podendo assim evitar-se a utilização de variáveis binárias adicionais para modelar as condições de complementaridade, que é uma técnica normal na otimização a dois níveis.

Para além da revisão da literatura apresentada em Drexl e Kimms (1997), foi efectuada uma nova revisão, desta vez sobre o dimensionamento e programação de lotes para produtos alimentares perecíveis, por Chen, Berretta, Clark e Moscato (2019), na qual os artigos foram classificados de acordo com as caraterísticas do dimensionamento e programação de lotes incluídas em seus modelos, e as estratégias utilizadas para modelar a perecibilidade, algo importante a ser destacado é que o uso de restrições de prazo de validade é a principal estratégia de modelagem utilizada na maioria dos artigos desta revisão.

Da mesma forma, uma revisão do estado da arte para metaheurísticas multiobjetivo para problemas de otimização discreta (MODOP), também foi incluída como parte da literatura estudada para esta pesquisa, Liu, Li, Liu e Guo (2020) em companhia de outros pesquisadores fizeram uma revisão da literatura a partir de quatro perspectivas, incluindo metaheurísticas multiobjetivo existentes para MODOP, áreas de aplicação do MODOP, métricas de desempenho e instâncias de teste, de acordo com os mecanismos de seleção multi-objetivo, as metaheurísticas objectivas na literatura podem ser classificadas em quatro categorias, incluindo as baseadas em dominância, as baseadas em decomposição, as baseadas em indicadores e as baseadas em mecanismos de seleção híbridos.

Mor, Mosheiov e Shapira (2020) fizeram um estudo para programação de lotes de uma única máquina para minimizar o número (ponderado) de pedidos atrasados, dentro deste trabalho eles estudaram problemas de programação de lotes com divisão de pedidos e não divisão, além disso, propuseram uma solução obtida em tempo polinomial para minimizar o número de pedidos atrasados *(divisão),* fornecendo uma solução pseudopolinomial para a versão ponderada *(dividida),* com isto foi demonstrado um tipo de problema *NP-HARD* para o número mínimo de encomendas atrasadas sem divisão (como uma extensão do bem conhecido problema de empacotamento de contentores), além disso foi introduzida uma heurística para o problema sem divisão, consequentemente vale a pena notar que o PD resolve eficientemente grandes instâncias.

Para realçar ainda mais a investigação baseada em metaheurísticas, Pidre, Dorado, e Lorenzo (2002) abordaram o problema da atribuição de salas de aula para exames num centro universitário através da aplicação de técnicas de algoritmo genético, este problema tem em conta um total de 5 restrições, que podem ser classificadas como espaciais, temporais e de recursos humanos. Os autores propõem um algoritmo genético tradicional, explicando que a partir de uma população inicial de P membros, surgem novos P membros através de mecanismos de cruzamento, mutação e da função de sobrevivência ou custo, depois a nova população é actualizada e é realizada outra iteração. Em sua codificação optaram por um vetor bidimensional M*J onde J representa os dias de outras atividades e M é o conjunto de disciplinas que necessitam de espaço para exames. Entre os resultados obtidos, os melhores valores para as probabilidades foram de 75 % para o cruzamento e 2 % para a mutação, concluindo que estes problemas podem ser resolvidos eficientemente por métodos heurísticos.

Posteriormente, Toro Ocampo Eliana M (2005) propõem um método híbrido entre o algoritmo genético de Chu-Beasley e o algoritmo de Recozimento Simulado (RS) para a solução do Problema de Atribuição Generalizada (PAG), onde criam a primeira população através de um método heurístico construtivo baseado em factores de sensibilidade, e utilizam um modelo matemático tradicional do problema de atribuição geral modificado pela inclusão de factores de penalização, de forma a melhorar a viabilidade e reduzir o esforço computacional. Uma das estratégias desta investigação para resolver o PAG é abordar a fase de mutação do algoritmo genético através do RS; na fase de cruzamento e ao contrário do método tradicional do algoritmo genético, combinam os dois pais de forma a nascer apenas um filho, sendo esta uma estratégia de pesquisa local eficiente, onde se obtiveram respostas melhores do que as obtidas por Chu-Beasley. Outro caso em que foi utilizado um método híbrido é o de Hernández (2019). Este tempo usado para o problema de alocação *de buffer* que minimiza o estoque em processo em linhas de produção em série abertas. As técnicas metaheurísticas utilizadas para esta abordagem foram o Algoritmo Genético (GA) e o Recozimento Simulado (SA). Ultimamente, essas abordagens têm permitido alcançar resultados satisfatórios no estudo de outros problemas classificados como *NP-HARD*. Esta pesquisa propôs o RS para o método baseado em trajetórias e o AG para o método baseado em populações, onde destacam que para a fase de cruzamento, o pai 1 é selecionado através de um torneio determinístico, enquanto o pai 2 é escolhido aleatoriamente, a fim de aumentar a exploração de novas regiões do espaço de busca. O resultado da calibração realizada neste trabalho para os parâmetros do algoritmo foi de 60% para a probabilidade de crossover e 13% para a probabilidade de mutação. Ao final do estudo pode-se notar que o algoritmo híbrido proposto é mais eficiente que os algoritmos padrão RS e AG, além do fato de que ele começa a melhorar seu desempenho ao analisar instâncias maiores.

Dokeroglu (2015) desenvolveu algoritmos híbridos baseados na técnica de otimização *do ensino-aprendizagem* (TLBO) para o problema da atribuição quadrática, tendo explicado que o algoritmo baseado na TLBO consiste em duas fases em que todos os indivíduos são treinados por um professor na primeira fase e interagem com os colegas para melhorar o seu nível de conhecimento na segunda fase. Nesta investigação, os indivíduos são treinados com operadores de recombinação, que não requerem quaisquer definições de parâmetros de acordo com o conceito original, e, em seguida, um motor de Busca Tabu Robusta (RTS) processa-os. As experiências com os algoritmos híbridos sequenciais e paralelos TLBO-RTS propostos revelam um desempenho competitivo quando comparados com outros algoritmos da literatura, estes algoritmos funcionam bem com configurações aleatórias, onde a robustez dos algoritmos propostos pode ser melhorada aumentando os processadores.

Por outro lado, Kumar, Mittal, Soni e Joshi (2018) focam sua pesquisa na seleção e escalonamento simultâneo de projetos interdependentes, para isso aplicam 3 metaheurísticas que são, TLBO, Tabu Search (TS) e a híbrida TLBO-TS. No desenvolvimento deste problema, foram considerados dois tipos de interdependências, exclusividade mútua e complementaridade, sendo o objetivo do problema minimizar o tempo total esperado da carteira de projectos selecionada. Para os algoritmos TLBO e TLBO-TS híbrido, foi utilizado o método de Taguchi para determinar os níveis óptimos dos parâmetros. Os algoritmos foram executados durante 100 iterações, observando-se que o algoritmo TLBO é superior ao algoritmo TS independentemente da dimensão e complexidade do problema, no entanto, o algoritmo híbrido TLBO-TS supera os outros algoritmos nos 4 tipos de problemas colocados, concluindo o autor que "a forte capacidade de pesquisa local do TS ajuda o algoritmo híbrido a atingir o melhor resultado mais rapidamente. Assim, o algoritmo híbrido TLBO-TS proposto não só produz soluções de melhor qualidade, como também as produz mais rapidamente".

Com base no exposto, a tabela 4.1 apresenta um resumo dos artigos revistos que são relevantes para o desenvolvimento deste projeto, detalhando, no caso dos métodos aproximados, a sua classe e tipo, que podem ser inspirados na natureza (N) ou não baseados na emulação, ou seja, artificiais (A).

Quadro 4.1: Resumo da análise da literatura

RESUMO DA REVISÃO DA LITERATURA					
			Tipo de algoritmo		
Autores	**Problema**	**Método de solução**	**N**	**A**	**Tipo de algoritmo**

Drexl e Kimms (1997)	Dimensionamento e programação de lotes	Exatamente		**XA**	**XA**
Pidre et al (2002).	Atribuição de salas de aula	Mctahcuristics	**X**		**AG**
Toro Ocampo Elia na M (2005)	Problema de atribuição generalizado (GAP)	Mctahcuristics	X		GA & RS
Fandel e Stammen-Hegene (2006)	Programação e dimensionamento simultâneos de lotes para a produção de vários níveis de vários produtos	Exatamente		**XA**	**XA**
Almada-Lobo e James (2010)	Dimensionamento de lotes capacitados com configurações dependentes da sequência	Mctahcuristics		**X**	VXS E TS
Kis e Kovács (2013)	Dimensionamento de lotes de dois pisos	Exatamente		**XA**	**XA**
Toledo et al. (2015)	Dimensionamento de lotes multinível	Heurística		**X**	RE & FO

RESUMO DA REVISÃO DA LITERATURA

Autores	**Problema**	**Método de solução**	**Tipo de algoritmo** **N**	**A**	**Tipo de algoritmo**
Parsopoulos et al (2015).	Dimensionamento dinâmico de lotes de uma só peça com devoluções e refabrico	Mctahcuristics	**X**		DE
Dokeroglu (2015)	Atribuição quadrática	Mctahcuristics	X		TLBO
Boonmee e Sethanan (2016)	Programação e dimensionamento de bandos de capacidade multinível na indústria avícola	Mctahcuristics	X		PSO E GLXPSO
Kumar et al. (2018)	Seleção e programação integradas de projectos	Mctahcuristics	**X**		TLBO E TS
Chen et al. (2019)	Dimensionamento e programação de lotes para géneros alimentícios perecíveis	N/A		XA	XA
Hernández (2019)	Alocação de tampões para minimizar o inventário em processo em linhas de produção em série abertas	Mctahcuristics	**X**		GA & RS
Liu et al. (2020)	Problemas de otimização discretos	XA		XA	XA
Mor et al. (2020)	Programação em lote numa única máquina	Exatamente		XA	XA

Fonte: Elaboração própria

Com base na revisão da literatura efectuada sobre o problema integrado de dimensionamento de lotes e sequenciação da produção em ambientes de produção paralelos multi-máquinas com *setups* dependentes da sequência, pode observar-se que 27% dos trabalhos investigados fazem parte dos métodos exactos apresentados na secção anterior, 6% dos quais foram uma revisão geral da literatura sobre o problema. No entanto, 67% dos restantes trabalhos foram desenvolvidos através de métodos de solução aproximada, sendo que 77% desses trabalhos foram executados com base em metaheurísticas, que hoje em dia estão a ser muito relevantes no campo da investigação. Estes métodos de solução aproximada podem ser cada vez mais adaptados a diferentes problemas apresentados na indústria, como é o caso deste trabalho, que tem como objetivo adaptar diferentes metaheurísticas ao problema colocado.

Vale a pena notar que dentro dos algoritmos genéticos revistos, é no trabalho de Hernández (2019) onde eles fazem uso de um desenho de experiências com o objetivo de calibrar os parâmetros do algoritmo proposto, para depois aplicar esses parâmetros aos diferentes estudos de caso da investigação. Esta ferramenta de análise estatística é utilizada para fazer uma exploração eficiente do espaço de solução, e assim obter as variáveis que melhor se adaptam ao problema proposto.

A partir da pesquisa, pôde-se observar que dentro da literatura revisada, as metaheurísticas propostas não focam no problema levantado, porém, existem abordagens muito significativas que auxiliam o andamento desta pesquisa, pois algumas delas desenvolvem separadamente as partes do problema, ou seja, algumas focam apenas na alocação e sequenciamento enquanto outras apenas no problema de dimensionamento. Além disso, na literatura consultada não foram encontrados trabalhos que aplicam o algoritmo TLBO ao problema integrado de dimensionamento de lotes e sequenciamento da produção em ambientes de produção paralela multimáquinas com *setups* dependentes da sequência, sendo a aplicação deste um dos diferenciais do presente trabalho.

CAPÍTULO 5

METODOLOGIA

O interesse desta investigação centra-se na identificação e adaptação de diferentes algoritmos de solução para o problema integrado de dimensionamento de lotes e sequenciamento da produção em ambientes produtivos quando existem múltiplas máquinas que podem trabalhar em paralelo e com uma dependência dos tempos de alistamento com a sequência de produção nas máquinas aquando da mudança de produtos em cada máquina, o que é vulgarmente conhecido como *setups* dependentes da sequência, tendo como dados a otimizar os custos de: estoque, backlog e *setups,* neste trabalho não será levado em consideração o custo de produção, para evitar que o algoritmo atrase toda a produção e não produza.

Este trabalho tem uma abordagem quantitativa e é classificado como pesquisa experimental, pois certas variáveis são manipuladas intencionalmente para observar os efeitos que produzem na função objetivo (Sampieri, 2018).

O foco principal deste trabalho é o desenvolvimento de métodos de solução híbridos para o PMSD-LSP, onde foram adaptados diferentes algoritmos de solução aproximada (Metaheurísticas) e um modelo exato (CLSP). Este método é híbrido pois procura que a metaheurística forneça uma solução para o problema de sequenciação enquanto o modelo exato se encarrega do problema de dimensionamento, desta forma o modelo exato toma como parâmetros de entrada a alocação proposta pela metaheurística, a sequenciação gerada, para tomar a decisão de quanto produzir no horizonte de planeamento, tentando minimizar os custos acima referidos. A Figura 5.1 ilustra as fases deste método.

A conceção dos algoritmos propostos foi realizada de modo a que sejam suficientemente robustos e adaptáveis a qualquer problema deste tipo, para além de o algoritmo ser eficiente em termos de tempo de cálculo sem negligenciar a qualidade da resposta, para depois comparar os diferentes algoritmos concebidos entre si e em relação ao modelo CLSD exato.

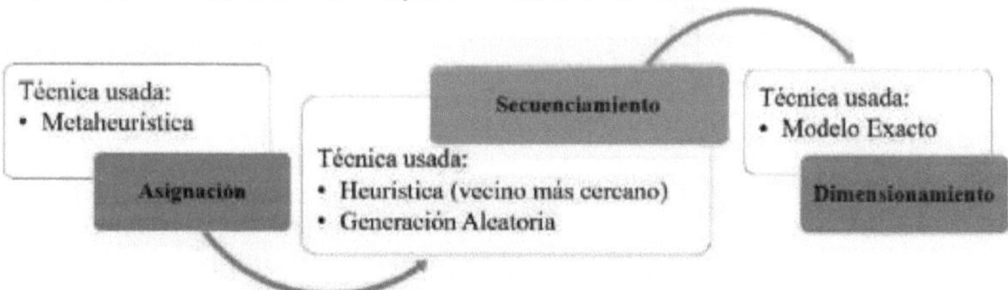

Figura 1: Fases dos métodos híbridos.
Fonte: Elaboração própria

Dois algoritmos básicos foram escolhidos para o desenvolvimento dos métodos de solução híbrida, o algoritmo genético (AG) e o algoritmo de otimização baseado em ensino e aprendizagem (TLBO). O primeiro algoritmo foi escolhido devido a sua ampla utilização no campo da otimização e principalmente sua aplicação no campo de dimensionamento e sequenciamento de lotes, enquanto que a utilização do algoritmo TLBO se justifica como uma adaptação e sua incursão neste tipo de problema, visto como um diferencial desta pesquisa.

Uma vez obtidos os resultados de acordo com os diferentes casos propostos, procedeu-se a uma análise descritiva para comparar se existe uma diferença significativa entre os resultados obtidos por cada algoritmo, tendo em conta a qualidade das soluções e o tempo de cálculo.

Para resolver o problema de investigação deste trabalho, é proposto o seguinte método descrito nesta secção. Consiste em 6 fases que estão distribuídas ao longo desta investigação, estas fases serão utilizadas como mostra a Figura 5.2.

Figura 2: Fases do inquérito.

Fonte: Elaboração própria

Com base na figura apresentada acima, cada uma das fases continuará a ser detalhada nas secções seguintes, salientando e detalhando a forma como cada uma das fases foi desenvolvida neste trabalho.

2.1. Conceção *da codificação*

A *codificação* desenvolvida para a execução dos diferentes algoritmos projectados é um conjunto de três hipermatrizes de 4 dimensões $[i * m * t * n]$, uma para a atribuição, outra para a sequenciação e outra para os tempos *de preparação,* em que *i* representa o número de produtos, m o número de máquinas, t o número de períodos e *n* o número de soluções. A hipermatriz para a atribuição tem uma codificação binária, com 1 a representar que o produto foi atribuído numa determinada máquina e período, e 0 a representar a ausência disso. Esta conceção pode ser melhor ilustrada na Figura 5.3, onde se pode ver um exemplo da afetação gerada para os períodos 1 e 2 na solução 1.

PERÍODO 1 / SOLUCIÓN 1 — [.. 1.1]

PRODUCTOS	MÁQUINAS 1	2	3
1	1	1	0
2	0	0	0
3	0	1	1
4	0	0	1
5	1	1	0

PERÍODO 2 / SOLUCIÓN 1 — [.. 2.1]

PRODUCTOS	MÁQUINAS 1	2	3
1	0	0	1
2	1	0	0
3	1	0	1
4	0	0	0
5	1	1	1

Figura 3: Exemplo de atribuição *de codificação*

Fonte: Elaboração própria

Para *codificar* o sequenciamento e posteriormente obter os tempos *de preparação,* é gerada uma permutação a partir dos elementos que são 1 na *codificação* da atribuição. O total de valores diferentes de 0 que a hipermatriz tem para estes casos será o número total de produtos atribuídos nessa máquina e período, onde o valor gerado representa a ordem em que o produto será produzido. A *codificação* associada ao sequenciamento é mostrada na Figura 5.4, onde a sequência dos produtos atribuídos é gerada a partir do exemplo anterior.

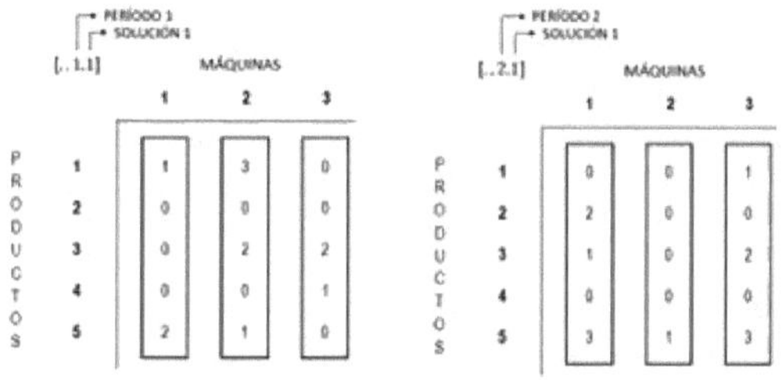

Figura 4: Exemplo de *codificação* de sequências

Fonte: Elaboração própria

5.2. Adaptação do modelo exato

Posteriormente, prosseguimos com a adaptação do modelo, *The capacitated lot sizing problem* **CLSP,** este modelo faz parte da estrutura principal dos algoritmos híbridos e representa a parte exacta, para dar resposta ao problema integrado de dimensionamento de lotes e sequenciação da produção em ambientes de produção paralelos multi-máquinas com *setups* dependentes da sequência.

O problema CLSP considera longos períodos de planeamento em que podem ser fabricados múltiplos produtos, o problema procura determinar quanto produzir em cada período de forma a que as encomendas com prazos de entrega antes do final desse período sejam satisfeitas (Drexl e Kimms, 1997).

Este modelo foi adaptado da literatura, fazendo algumas modificações para que possa ser ajustado ao problema deste trabalho, foi adicionado mais um índice de conjunto, assim como outros parâmetros, alguns destes parâmetros são os obtidos pela metaheurística que será detalhada na próxima secção, estes parâmetros são; a alocação e o sequenciamento. Este modelo busca minimizar os custos diretos de produção, que são: custo de estoque, custo de backlog e custo *de setup*.

O modelo CLSP adaptado e implementado no método híbrido desenvolvido neste trabalho é o seguinte:

***I.* índices**

l, *j* := índice para produtos

m := índice para máquinas

t := índice dos períodos

***II.* Conjuntos**

$\in$ P := Conjunto de produtos i, i *P*

$\in$ M : = Conjunto de máquinas m, m *M*

$\in$ T := Conjunto de períodos t, t T

III. **Parâmetros**

N -. = Número muito grande

$_{tm}$ ∈ ∈ C ; := Capacidade da máquina m no período t, t T, *m M*

$_{t;i}$ ∈ ∈ d := Procura do produto *i* no período t, t T, i P

$_{;i}$ ∈ ∈ - ∈ ∈ $_{Ci}$ ∈ *prm* ■= Velocidade de produção do produto i na máquina m, m M, i P tpmi : Tempo de produção do produto *i* na máquina m, m M, i P I := Inventário inicial do produto i, i P

∈ hi := Custo de inventariação do produto i, i P

∈ *bi* := Custo do adiamento do produto i, i P

$_{m}$ ∈ S := Custo de *instalação* por unidade de tempo na máquina m, m M

Parâmetros obtidos pela metaheurística

$_{m}$ ∈ ∈ *yt*. .i ■= 1, se um produto *i* for atribuído a uma máquina *m* num período t. *t T, m 2 M, i* P

$_{t;;i}$: ∈ ∈ ∈ z m = Tempo de transição de um produto i numa máquina m num período t. t T, m M i P

IV. **Variáveis de decisão**

$_{tm}$ ∈ ∈ x , ,*i* ■= Quantidade de unidades a produzir de um produto i numa máquina m num período t. t *T, m 2 M, i P*

∈ ∈ *I+* := Quantidade de unidades a inventariar de um produto i num período t t T, *i P*

∈ ∈ Ip := Quantidade de unidades de um produto i a registar em atraso num período t t *T, i P*

V. **Função objetivo**

Mínimo *CTotal* :

$$\sum_{t=1}^{t}\sum_{i=1}^{i} h_i \cdot I_{t,i}^{+} + \sum_{t=1}^{t}\sum_{i=1}^{i} b_i \cdot I_{t,i}^{-} + \sum_{t=1}^{t}\sum_{m=1}^{m}\sum_{i=1}^{i} S_m \cdot z_{t,m,i} \quad (5.1)$$

VI. **Restrições**

VII. Restrição do saldo das existências *m*

$$I_{0i} + \sum_{m=1}^{m} x_{t,m,i} + I_{t,i}^{-} = d_{t,i} + I_{t,i}^{+} \quad \forall t \in \mathcal{T} : t = 1, i \in \mathcal{P} \quad (5.2)$$

$$\sum_{m=1}^{m} x_{t,m,i} + I_{(t-1),i}^{+} + I_{t,i}^{-} = d_{t,i} + I_{t,i}^{+} + I_{(t-1),i}^{-} \quad \forall t \in \mathcal{T} : t > 1, i \in \mathcal{P} \quad (5.3)$$

VIII. Restrição SetUp (com variável)

$$x_{t,m,i} \leq \left(\frac{C_{t,m}}{tp_{m,i}}\right) \cdot y_{t,m,i} \quad \forall t \in \mathcal{T}, m \in \mathcal{M}, i \in \mathcal{P} \quad (5.4)$$

IX. Limitação da capacidade da máquina

$$\sum_{i=1}^{i}(tp_{m,i} \cdot x_{t,m,i}) + \sum_{i=1}^{i}(z_{t,m,i} \cdot y_{t,m,i}) \leq C_{t,m} \quad \forall t \in \mathcal{T}, m \in \mathcal{M} \quad (5.5)$$

X. Restrição de não negatividade

$$x_{t,m,i} \geq 0 \quad (5.6)$$

$$I^{+}_{t,i} \geq 0 \quad (5.7)$$

$$I^{-}_{t,i} \geq 0 \quad (5.8)$$

A função objetivo (5.1) minimiza os custos de inventário, de acumulação e de mudança. As equações (5.2) e (5.3) representam as restrições normais de inventário. A equação (5.4) refere-se à quantidade máxima de produtos que podem ser fabricados se forem atribuídos a uma máquina. A equação (5.5) tem em conta a capacidade consumida para a produção dos produtos e os tempos totais de *preparação*. Finalmente, as restrições (5.6), (5.7) e (5.8) representam as condições de não negatividade.

5.3. Adaptação de algoritmos

5.3.1. Métodos baseados em Algoritmos Genéticos (AG)

Como o próprio nome indica, este algoritmo faz alusão ao processo genético que os seres vivos efectuam no momento da reprodução, partindo de uma população inicial de indivíduos, em que cada um representa uma possível solução para um determinado problema (Moujahid e cois., 2008). Estes indivíduos podem ser vistos como um conjunto de cromossomas que, por sua vez, contêm genes, como mostra a Figura 5.5.

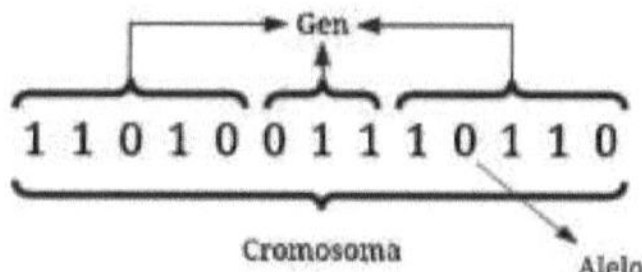

Figura 5.5: Indivíduo genético binário

Fonte: Codio (1995)

O algoritmo genético utilizado neste trabalho é um algoritmo genético simples que consiste nas seguintes etapas:

- **Fase de seleção:** Neste trabalho, optámos principalmente pela seleção de torneios, em que a ideia principal é comparar os aspirantes a pais e, finalmente, escolher os que melhor se adaptam. Adicionalmente, a seleção por torneio foi combinada com a seleção por roleta, ou seja, seleção aleatória, como uma versão modificada do algoritmo.
- **Fase de cruzamento:** Nesta fase o cruzamento pode ser dado de diferentes formas, o cruzamento baseado num ponto que foi o operador selecionado para desenvolver este trabalho, que consiste em escolher um número aleatório entre 1 e o número total de genes de cada progenitor menos 1, de forma a transmitir o conjunto de genes encontrados em ambas as partes desse ponto aos filhos (Diego-Más, Ballester, e Santamarina Siurana, 2020), originando dois novos cromossomas totalmente diferentes, este processo pode ser visto da seguinte forma:

Para além do operador de cruzamento baseado em pontos, existem o cruzamento multiponto, o cruzamento segmentado, o cruzamento uniforme e outros operadores que surgiram de acordo com diferentes problemas de aplicação (Serna e Marín, 2009).

É importante saber que todos os progenitores selecionados dependerão de uma probabilidade de poderem ser cruzados ou não. A cada par de progenitores é atribuído um número aleatório que é depois avaliado com uma probabilidade normalmente entre 0,5 e 1,0 (Moujahid e cois.,

2008)Caso esta probabilidade de cruzamento (PC) não seja excedida, os descendentes tornar-se-ão os mesmos progenitores.

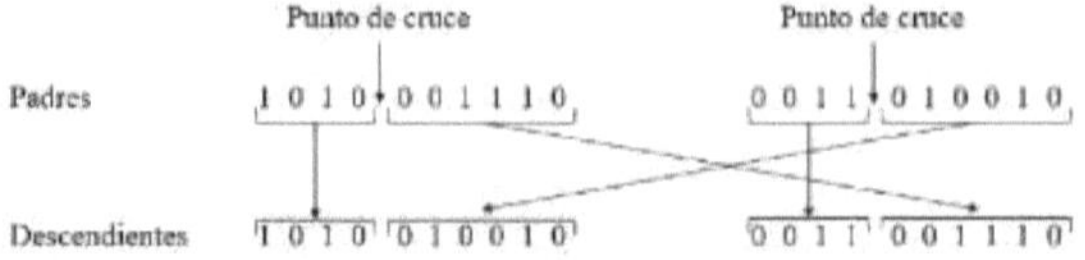

Figura 5.6: Operador de cruzamento baseado em pontos

Fonte: Moujahid et al (2008).

- **Fase de mutação:** Este operador é aplicado a cada filho separadamente, para codificações binárias (como é o caso desta investigação) consiste simplesmente em alterar um 0 para um 1 ou vice-versa. Tal como na fase anterior, nesta também é determinada uma probabilidade de mutação (MP) e funciona da mesma forma, é atribuído um número aleatório a um filho e este sofrerá uma mutação se atingir essa probabilidade, caso contrário manter-se-á igual ao que desceu após o cruzamento. A Figura 5.7 ilustra o tratamento desta etapa.

Gene mutado

Descendente1 0 1 0 0 0 0 1 0 0 0 0 0 0 1 0 0

Descendente Mutado 1010110010

Figura 5.7: Operador de mutação

Fonte: Moujahid et al (2008).

Consequentemente, o conjunto de filhos terminados é avaliado, de forma a saber se houve uma melhoria nas soluções, este novo conjunto passará a fazer parte da nova população, para que o algoritmo seja executado novamente na sua totalidade, este processo é conhecido como iteração. O número de iterações, bem como os parâmetros necessários para realizar o algoritmo genético são definidos na secção 6.2.

Neste trabalho foram geradas 4 versões do algoritmo genético. Duas delas são baseadas na versão clássica com torneio em cada iteração, uma com sequenciação aleatória e outra com sequenciação baseada na heurística do vizinho mais próximo. As outras duas versões são baseadas numa seleção de pais por roleta a partir da segunda iteração, a primeira com sequenciação aleatória e a segunda com sequenciação gerada com a heurística do vizinho mais próximo.

O algoritmo genético clássico com torneio em cada população é detalhado na secção 5.3.1.1, enquanto o algoritmo genético extra com torneio apenas na população inicial é apresentado na secção 5.3.1.2.

5.3.1.1. Algoritmo Genético Clássico

Nesta modalidade desenvolve-se o algoritmo genético com o processo de seleção-rotação realizado em cada uma das iterações como é habitualmente conhecido, para além disso aplicam-se dois métodos na geração da sequência, uma geração totalmente aleatória e outra geração onde se utiliza a técnica heurística do vizinho mais próximo.

5.3.1.1.1. Algoritmo genético com sequenciação aleatória

O processo seguido por este algoritmo é mostrado na Figura 5.8, onde a diferença reside na geração aleatória da sequência.

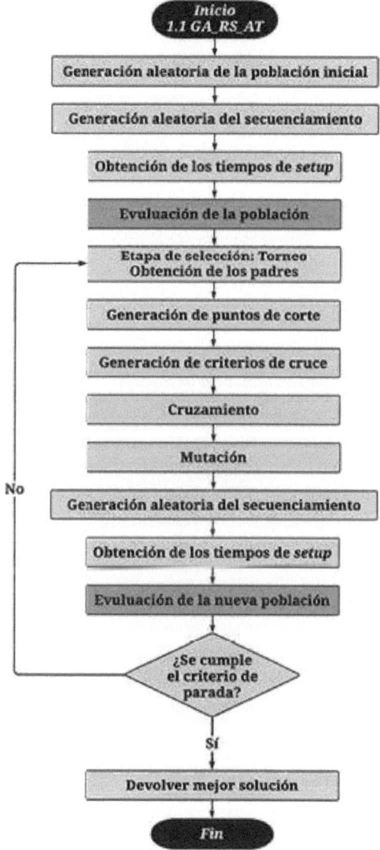

Figura 5.8: Fluxograma do Algoritmo Genético Clássico com sequenciação aleatória
Fonte: Elaboração própria

5.3.1.1.2. Algoritmo genético com sequenciação heurística

O processo que segue este algoritmo é mostrado na Figura 5.9, este algoritmo ao contrário do anterior utiliza a heurística do vizinho mais próximo para a geração do sequenciamento, esta heurística é comumente conhecida por resolver o Problema do Agente Viajante onde é simulado que um vendedor deve visitar todos os seus clientes, partindo de um ponto inicial e terminando no mesmo ponto, de forma que minimize os diferentes caminhos ao visitar cada um de seus clientes (.Johnson e McGeoch, 2018).

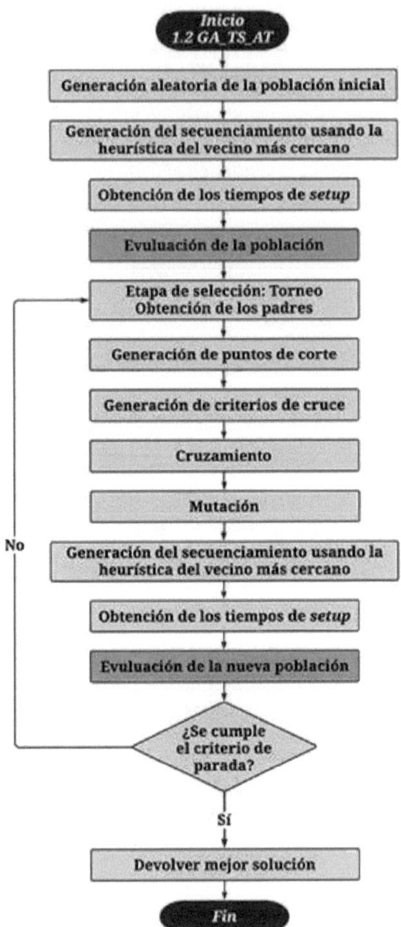

Figura 5.09: Fluxograma do Algoritmo Genético Clássico com sequenciação heurística
Fonte: Elaboração própria

5.3.1.2. Algoritmo Genético Modificado

Trata-se de uma variação do algoritmo genético em que a fase de torneio é realizada apenas uma vez no início do torneio, ou seja, com a população inicial, para as restantes iterações a seleção dos pais é feita por roleta, para além disso e à semelhança do que foi feito com o algoritmo clássico, este algoritmo reformulado é dividido em dois, um em que é utilizada uma geração completamente aleatória para a sequenciação e outro em que a geração surge utilizando a heurística do vizinho mais próximo.

5.3.1.2.1. Algoritmo genético com sequenciação aleatória

O passo-a-passo deste algoritmo reformulado é mostrado na Figura 5.10, neste algoritmo o sequenciamento é gerado aleatoriamente.

Figura 5.10: Fluxograma do Algoritmo Genético Modificado com Sequenciação Aleatória

Fonte: Elaboração própria

5.3.1.2.2. Algoritmo genético com sequenciação heurística

O desenvolvimento deste algoritmo reformulado é mostrado abaixo, onde a caraterística distintiva está na geração do sequenciamento, pois esta parte faz uso das heurísticas explicadas acima.

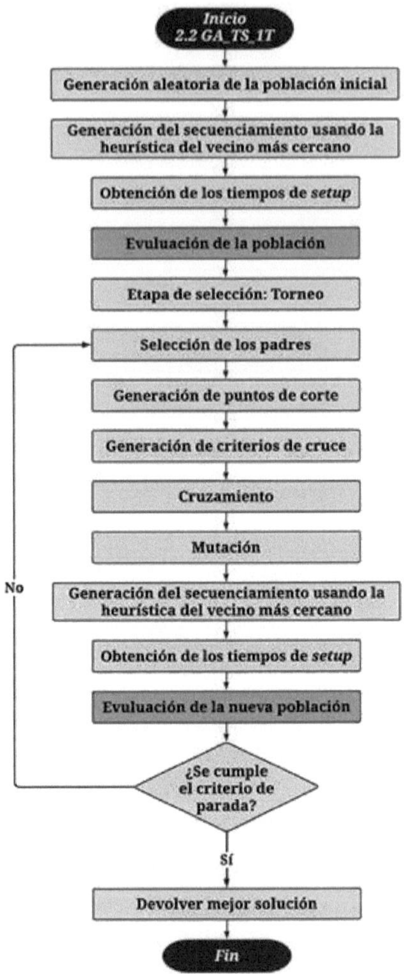

Figura 5.11: Fluxograma do Algoritmo Genético Modificado com sequenciação heurística
Fonte: Elaboração própria

5.3.2 Métodos baseados no algoritmo TLBO

O TLBO é um algoritmo inspirado na difusão de conhecimentos numa sala de aula, em que os alunos adquirem primeiro conhecimentos dos professores e depois dos colegas (Crepinsek, Liu, & Mcrnik, 2012).. As principais caraterísticas do algoritmo são o seu desempenho e a ausência de parâmetros de pesquisa específicos, uma vez que apenas o tamanho da população e o número de ciclos têm de ser especificados conforme necessário (Cruz et al., 2016).

1. **Fase do professor**

A aplicação deste algoritmo procurou suportar uma maior diversificação aquando da implementação da fase do professor, uma vez que os alunos podem aprender diferentes partes do conhecimento transmitido pelo professor. Isto é melhor explicado comparando a Figura 5.12 e a Figura 5.13, que se baseiam na *codificação* utilizada neste trabalho para mostrar uma fração do ensino do professor a um dos seus alunos.

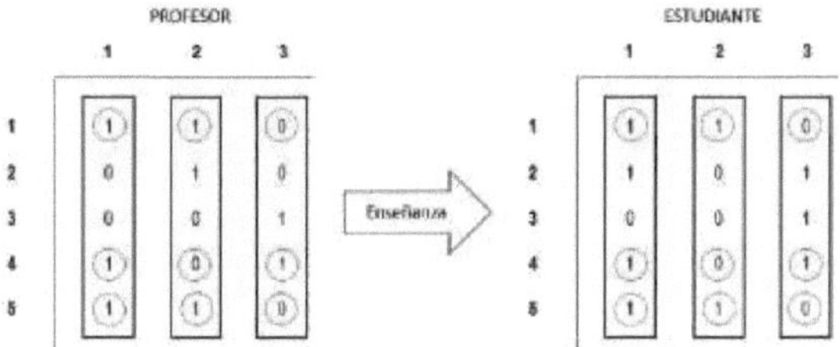

Figura 5.12: Fase de educação natural

Fonte: Elaboração própria

Supondo que o número de conhecimentos que o professor ensinará a um determinado aluno é 3, na Figura 5.12 pode-se observar que o aluno aprendeu da mesma forma todas as suas peças, para o caso deste trabalho, em todas as suas máquinas.

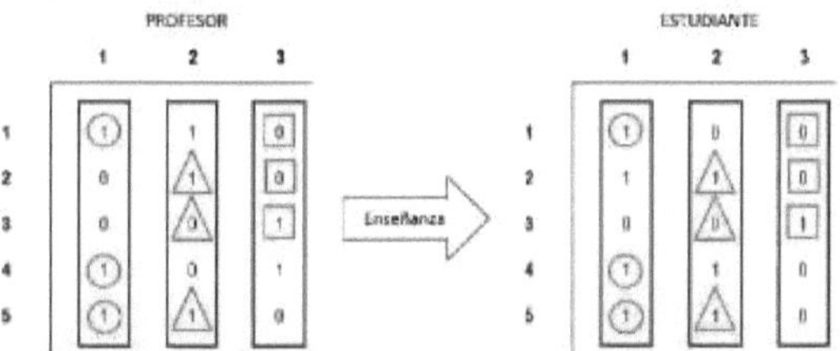

Figura 5.13: Fase de ensino aplicado

Fonte: Elaboração própria

A Figura 5.13 ilustra a técnica utilizada neste trabalho para o desenvolvimento da fase do professor, onde é preservado o número de conhecimentos que podem ser ensinados pelo professor.

O professor, mas ao contrário do que acontece na Figura 5.12, este conhecimento varia para cada uma das máquinas. As figuras geométricas representam essa variação, notando-se que o conjunto de números dentro das figuras é o mesmo, mas a posição dos círculos é diferente da dos triângulos e ambas diferentes das dos quadrados, influenciando assim a diversificação do algoritmo.

II. **fase de estudante**

Tal como na fase anterior, nesta fase são gerados factores de ensino para cada aluno professor, chamando assim o aluno que vai ensinar o seu colega, para depois ser reavaliado e levado para a população final apenas se a sua solução melhorar após a alteração (Cruz et al., 2016). Esta população final será a população inicial para a próxima iteração do algoritmo.

5.3.2.1 Algoritmo TLBO de sequenciação aleatória

A forma como este algoritmo funciona é ilustrada na figura 5.14, onde a sequência é gerada aleatoriamente.

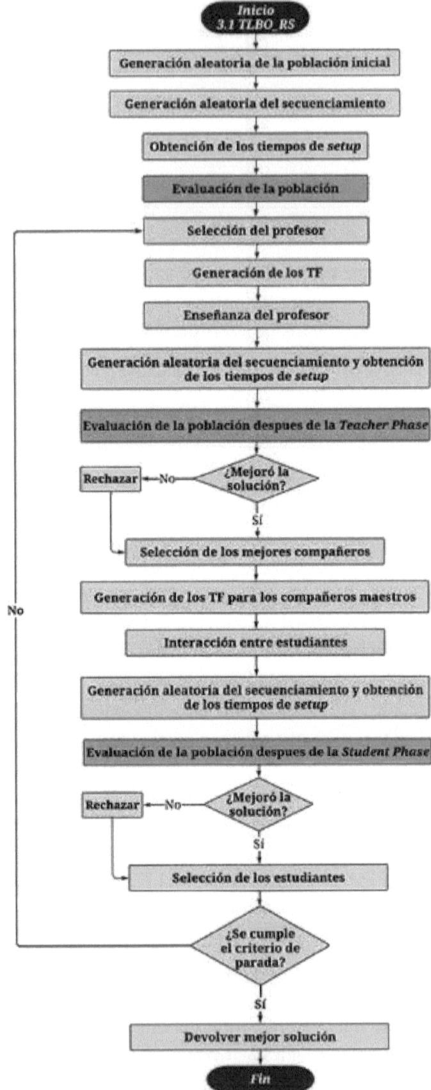

Figura 5.14: Fluxograma do algoritmo TLBO com sequenciação aleatória
Fonte: Elaboração própria

5.3.2.2 Algoritmo TLBO com sequenciação heurística

O procedimento exercido por este algoritmo é mostrado na Figura 5.15 e, ao contrário do anterior, o sequenciamento é gerado utilizando a heurística do vizinho mais próximo.

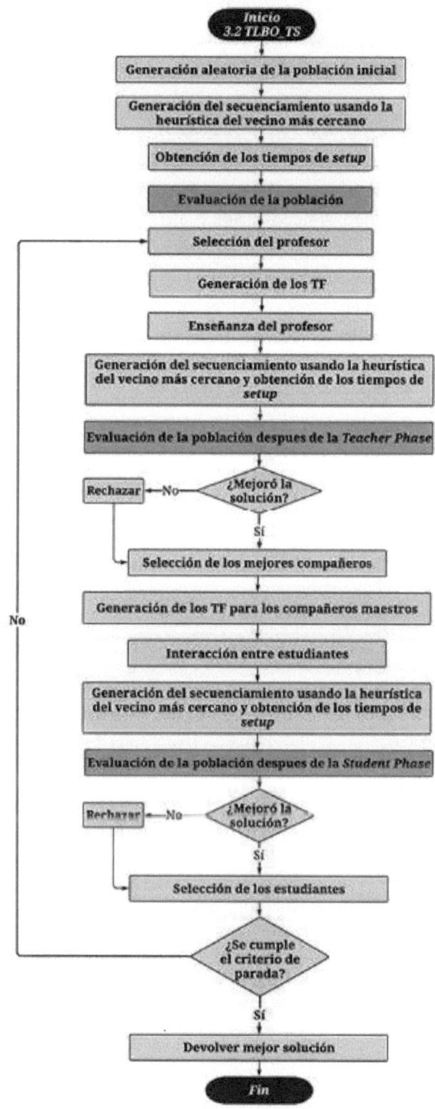

Figura 5.15: Fluxograma do algoritmo TLBO com sequenciação heurística
Fonte: Elaboração própria

CAPÍTULO 6

EXPERIÊNCIAS COMPUTACIONAIS

6.1. Seleção e adaptação de instâncias

O conjunto de dados para a aplicação dos algoritmos propostos foi retirado de Piñeros, Toscano, Ferreira e Morabito (2021), tendo em conta que foram efectuadas diferentes modificações e que apenas foram utilizados os parâmetros necessários e ajustados ao problema colocado. Os dados originais foram obtidos e criados para o problema de dimensionamento e sequenciamento de lotes no processo de produção de bebidas à base de frutas.

Na produção de bebidas à base de fruta, existem duas fases de produção: a preparação dos depósitos e o embalamento nas linhas de produção. Este processo produtivo possui algumas caraterísticas específicas, como a limpeza periódica e a sincronização entre as duas etapas de produção, o que dificulta a otimização do planeamento e programação da produção, pois aumentam substancialmente o número de variáveis. Estas caraterísticas foram desconsideradas na adaptação dos dados, uma vez que o problema estudado contempla a produção numa única etapa, não sendo consideradas variáveis como a limpeza dos tanques e a perecibilidade do produto, entre outras.

As instâncias utilizadas são úteis nesta investigação porque são baseadas em dados reais, ilustram uma visão mais prática do problema e da sua complexidade. Além disso, representam diferentes cenários de empresas reais devido a diferenças nos parâmetros de custo e capacidade. O conjunto de dados consiste numa coleção de instâncias de problemas clássicos de dimensionamento e programação de lotes com tempos e custos de preparação dependentes da sequência e tempos de mudança que satisfazem a desigualdade triangular (Piñeros et al., 2021).

Os 4 conjuntos de dados propostos pelos autores, cada um com 23 instâncias, foram adaptados.

Os grupos 2, 3 e 4 são variações do grupo 1. Estas instâncias consistem em dados reais e dados gerados a partir destas instâncias reais.

Dito isto, o conjunto de dados tem as seguintes caraterísticas:

- **Grupo 1 (Gl):** Grupo de instâncias criadas a partir de dados reais.
- **Grupo 2 (G2):** Mantém os mesmos dados que o grupo 1, mas a sua capacidade diminui em 10%.
- **Grupo 3 (G3):** A diferença está na alteração dos custos de inventário e de carteira de encomendas.
- **Grupo 4 (G4):** Adquire as alterações efectuadas nos grupos 2 e 3.

O custo *de preparação* é a média da matriz proposta nos dados originais. O desvio padrão desta matriz foi calculado e obtiveram-se valores de aproximadamente 0,2% na maioria dos casos, sendo o caso 1 o mais elevado, com 0,8%, pelo que é válido utilizar a média e aplicá-la a qualquer produto.

Tendo em vista que nos dados propostos existem duas matrizes para os tempos *de setup,* uma para cada etapa, para o desenvolvimento deste trabalho foram escolhidos os maiores tempos *de setup*, ou seja, os da linha 2, com isso o processo produtivo não foi alterado, pois para produzir outro produto em um tanque é necessário que a linha esteja disponível.

A partir dos dados propostos acima, foram feitas uma série de alterações de acordo com o problema desenvolvido neste trabalho, essas alterações e/ou adaptações são mostradas na tabela 6.1.

Parámetros	Desripción	¿Utilización?	Adaptación
J	Artículos	✓	Productos
M	Tanque / Linea	✓	Máquinas
T	Periodos	✓	Periodos
I_{j0}^{+} I_{j0}^{-}	Inventario/Atraso inicial	✓	Inventario inicial
tc^{I} tc^{II}	Tiempo de limpieza temporal en un tanque / linea	✗	
te_{max}^{I} te_{max}^{II}	Tiempo maximo transcurrido desde la ultima limpieza temporal en un tanque / linea	✗	
d_{jt}	Demanda	✓	Demanda
ρ_j	Cantidad de bebida en una unidad del item	✗	
cap_{mt}	Capacidad disponible en un tanque / linea	✓	Capacidad disponible en una máquina
b_{ij}^{I} b_{ij}^{II}	Tiempo de cambio de producción etapa 1 / etapa 2	✓	Tiempo de *Setup*
ub_j lb_j	Cantidades maximinas/minimas de produccion	✗	
pt	Tiempo de producción de bebida en un lote	✗	
S_m	Tiempo empleado por la linea en embotellar un litro de bebida	✓	Tiempo de producción
h_j^{+} h_j^{-}	Costos de inventario/atraso	✓	Costos de inventario/atraso
c_{ij}	Costo del proceso de cambio	✓	Costo de *Setup*
Ct	Costo de limpieza temporal	✗	
O_{mt}	Conjunto ordenado de lotes disponibles	✗	
Q_{mt}^{I} Q_{mt}^{II}	Conjunto ordenado de limpiezas temporales disponibles	✗	

Parâmetros	Descrição	Utilização?	Adaptaçãol
	Artigos	>/	Produtos
	Tanque / Linha	>/	Máquinas
	Períodos	>'	Períodos
	Inventário/atraso inicial	r'	Inventário inicial
	Tempo de limpeza temporária num tanque / linha	x	
	Tempo máximo decorrido desde a última limpeza temporária numa cisterna/linha	x	
	Procura	y	Procura
	Quantidade de bebida numa unidade do artigo	x	
	Capacidade disponível num tanque / linha	z	Capacidade disponível numa máquina
	Tempo de mudança de produção fase 1/fase 2	Z	Tempo de *configuração*
	Quantidades máximas/mínimas de produção	x	
	Tempo de produção da bebida num lote	x	
	Tempo que a linha demora a engarrafar uma bebida de lítio	Z	Tempo de produção
	Custos de inventário/armazenamento	Z	Custos de inventário/armazenamento
	Custo do processo de mudança	Z	Custo *de instalação*
	Custo da limpeza temporária	x	
	Conjunto ordenado de lotes disponíveis	x	
	Conjunto ordenado de limpezas temporárias disponíveis	x	

Quadro 6.1: Adaptação dos dados

Fonte: Adaptado de Piñeros et al. (2021).

Para além dos 4 grupos adaptados a partir do problema de programação no processo de produção de bebidas de fruta, foi criado um grupo 5 onde foram feitas as seguintes alterações com base no Grupol, sendo as razões para a criação deste grupo adicional apresentadas em seguida:

- Uma vez que os 4 grupos propostos não tinham inventário inicial, neste grupo o inventário inicial foi gerado utilizando um número aleatório entre 0 e 15 % da procura.
- Os tempos *de preparação* variam para cada uma das máquinas, os tempos originais foram deixados para a máquina 1 e, a partir desta máquina, os tempos foram reduzidos para metade e aumentados em 1,5 para as máquinas seguintes. A fim de obter uma maior diversidade neste conjunto de dados.
- A capacidade das máquinas foi reduzida, a fim de se adaptar um pouco mais aos cenários da vida real.

6.2. Parametrização

Dos dois tipos de algoritmos desenvolvidos (Algoritmo Genético e TLBO), de acordo com a literatura, o único que necessita de parâmetros de entrada para funcionar é o algoritmo genético, por este motivo foi desenvolvido um projeto de experiências de forma a escolher os parâmetros deste algoritmo que melhor se adequam ao problema colocado.

Como mencionado anteriormente, os parâmetros necessários para a execução dos algoritmos genéticos são a probabilidade de cruzamento (CP), a probabilidade de mutação (MP), o número de soluções e o número de iterações, este último parâmetro também é aplicado no algoritmo

TLBO. De acordo com a literatura revisada, existem diferentes modelos que propõem diferentes valores na escolha das probabilidades, na pesquisa de Aurélio, Pa checo, Hamacher e Almeida (2015) são propostos os seguintes parâmetros, CP=0,9, MP 0,3, enquanto no trabalho desenvolvido por Diego-Más e cois. (2020) afirma que a probabilidade de cruzamento é geralmente definida em um intervalo de 0,6 e 0,95, e a probabilidade de mutação em valores muito mais baixos, da mesma forma Goldberg (1989) afirma que o valor da probabilidade de cruzamento varia entre 0,6 e 1, geralmente esses parâmetros oscilam em torno dos valores acima mencionados. Com o objetivo de aumentar a diversificação na execução dos algoritmos, são propostos vários valores possíveis para determinar os parâmetros a utilizar no desenho das experiências.

CP: {0,65 , 0,75 , 0,85}

MP: {0.15 , 0.25 , 0.35}

Soluções: {100 , 200 , 500}

Os valores acima referidos foram corridos no algoritmo genético com torneio apenas na população inicial e geração da heurística de sequenciação, uma vez que este contém os dois casos inovadores desenvolvidos neste trabalho, a inclusão da heurística do vizinho mais próximo juntamente com a combinação de torneio e roleta para a fase de seleção. Este algoritmo foi executado com as instâncias 20 e 21 do grupo 1, tendo em conta que são instâncias com os maiores cenários do conjunto de dados selecionado, de forma a gerar maior confiança na análise dos resultados. O desenho das experiências pode ser consultado no apêndice deste trabalho (ver secção 7.2).

A partir do desenho de experiências realizado, pode concluir-se que as probabilidades de cruzamento e mutação não afectam em nada o algoritmo, tanto em termos de qualidade da solução como de tempo de cálculo, pelo que se decidiu escolher o valor médio dos propostos, pelo que as probabilidades para o algoritmo genético são: CP=0,75 e MP 0,25.

Para o tamanho das soluções, dado que também não tiveram impacto nas variáveis, vale a pena mencionar que a principal prioridade de uma metaheurística é que produza uma solução viável no menor tempo possível, em vista disso, procura-se que os algoritmos tenham um desempenho eficiente, razão pela qual se decidiu que o tamanho das soluções será o mínimo, neste caso de tamanho 100.

6.3. Comparação dos algoritmos propostos

Os 6 algoritmos propostos foram executados nos 5 conjuntos de dados de 23 instâncias, 4 algoritmos genéticos que diferem na geração de sequências e na aplicação de torneios na fase de seleção, e 2 algoritmos baseados na otimização do ensino e da aprendizagem (TLBO) que também diferem na geração de sequências.

Os algoritmos foram executados num computador com as seguintes caraterísticas, marca: HP ProBook 445 G8 Notebook PC, sistema operativo: Windows 10 pro x64, tamanho da RAM: 16 GB (15,3 GB utilizáveis), processador: AMD Ryzen 7 PRO 5850u, velocidade do processador: 1,9 GHz.

Para resumir o nome dos algoritmos na comparação dos seus resultados e sem deixar de lado a descrição contida em cada um deles, os títulos compactos destas metaheurísticas são os seguintes

- GA_RS_AT: Algoritmo genético com geração de sequências aleatórias e torneio efectuado em todas as iterações.
- GA_RS_1T: Algoritmo genético com geração de sequências aleatórias e torneio efectuado na população inicial.
- GA_TS_AT: Algoritmo genético que utiliza a heurística do vizinho mais próximo para a sequenciação e geração de torneios efectuada em todas as iterações.

- GA_TS_1T: Algoritmo genético que utiliza a heurística do vizinho mais próximo para a sequenciação e geração de torneios efectuados na população inicial.
- TLBO_RS: Algoritmo TLBO com geração de sequências aleatórias.
- TLBO_TS: Algoritmo TLBO que utiliza a heurística do vizinho mais próximo para a geração de sequências.

Todos os algoritmos desenvolvidos obedecem a 3 critérios de paragem, que podem ser por atingir um limite de tempo estimado, neste caso 1 hora, por cumprir o número total de iterações ou por não melhorar a solução numa corrida de 75 iterações, este último critério é feito porque no caso de o algoritmo ficar preso num ótimo local, poupa o seu tempo de computação.

É de salientar que todos os algoritmos foram executados no *software* R versão 4.1.2 para a parte do scheduling, ou seja, para o sequenciamento da produção, para a parte do dimensionamento e avaliação dos lotes, ou seja, quando utilizado o modelo exato do CLSP, foi executado utilizando o solver MINOS, dada a natureza contínua do problema de dimensionamento.

Agora, para ter mais confiança na conclusão, cada um dos algoritmos foi executado 3 vezes e com um total de 500 iterações, os resultados obtidos com as melhores soluções são mostrados abaixo.

GRITAR 1	GA RS AT		GA TS AT		GRITO 2	GA RS AT		GA TS AT		GRITO 3	GA RS AT		GA TS AT		GRITO 4	GA RS AT		GA TS AT		SHOUT 5	GA RS AT		GA TS AT	
INSTÂNCIA	Bobj	Tempo	Bobj	Tempo	INSTÂNCIA	Bobj	Tempo	Bobj	Tempo	INSTÂNCIA	Bobj	Tempo	Bobj	Tempo	INSTÂNCIA	Bobj	Tempo	Bobj	Tempo	INSTÂNCIA	Bobj	Tempo	Bobj	Tempo
1	1,85	363	1,35	454,4	1	**1,85**	360,9	1,85	360	1	1.85	356,9	1,85	374,3	1	1,85	361	1,85	377,7	1	1.85	376,6	1,85	377,4
2	1,85	393	1,35	473,8	2	1,85	404,1	1,85	369,5	2	1,85	373,6	1,85	378,4	2	1,85	375,5	1,85	377,3	2	1,85	361,5	1,85	350,7
3	15,34	513	15,34	507	3	15,34	406	15,34	399	3	15,34	423	15,34	425	3	15,34	410	15,34	407	3	16	498	16	409
4	14,04	409	14,04	462	4	14,04	385	14,04	399	4	14,04	368	14,04	435	4	14,04	383	14,04	**416**	4	24	430	23	479
5	14	377	13,53	486	5	14	377	13,53	471,3	5	14	395	13,53	568,85	5	14	389	14	405	5	22	441	22	579
6	0	1141	62	801,5	6	5,6	1158,5	5,7	1183,5	6	12	738	13,62	1009,35	6	12	506	5,7	625,3	6	29	773	44	635
7	5	555	5	608	7	4	704	3	**564**	7	3	741	4	558	7	4	678	3	659	7	2497567	676	3165159	586
8	3	547	3,96	638,6	8	4	**664**	3	480	8	3	750	3	743	8	0,99	1173,45	4	861	8	11	1450	8,9	1199
9	87	824	82	728	9	95	614	90	545	9	93	665	86	638	9	91	535	82	433	9	107	503	94	1482
10	14	1003	12,55	714,93	10	9,3	958	11	1035	10	20	782	19	595	10	15	847	16	644	10	33	677	46	578
11	11	927	11,05	650,38	11	14	1010	6,05	734,15	11	11	1058	14	987	11	14	986	8,8	981,5	11	32	644	32	877
12	6,3	545,9	6,3	971,9	12	7Д	474,4	72	626,3	12	8,1	518,7	6,3	667,8	12	4,5	1251,1	6,3	745,2	12	1160213	1031	1232010	1245
13	19	924	21	939	13	22	929	14	1576	13	14	1152	22	792	13	22	664	25	991	13	29794262	294	25961909	479
14	250	1014	232,99	851,87	14	259	945	242	767	14	264	690	227	728	14	254	1216	245	574	14	483828	819	413611	1161
15	380	591	314	955	15	345	753	316	926	15	374	486	330	538	15	350	887	319	799	15	375	709	347	656
16	370	520	334,51	528,15	16	342	**464**	320	809	16	385	452	330	1014	16	379	466	314	1085	16	399	633	329	818
17	332	475	293	720	17	332	453	287	1072	17	326	570	297	784	17	329	552	280	586	17	343	638	305	677
18	817	743	690,44	718,31	18	828	561	658	**1232**	18	772	635	689	747	18	799	810	666	913	18	845	987	708	1064
19	801	893	674	852	19	834	868	717	668	19	822	1276	708	705	19	773	1081	721	975	19	901	935	791	699
20	859	532	685,63	1141,8	20	816	666	685,2	743,3	20	**804**	1234	670	607	20	831	599	700	750	20	907	918	775.85	1482,01
21	1932	685	1557	841	21	1911	769	1534	781	21	1934	897	1539	829	21	1909	1014	1538	835	21	2123	237	1787	275
22	1928	851	1600	841	22	1956	653	1575	821	22	**1950**	858	1503	1293	22	1907	871	1585	1196	22	655338470	238	8592012	471
23	2049	948	1621	992	23	2067	1272	1625	1024	23	2073	776	1628	988	23	2113	698	1609	1101	23	**2462**	238	1802,9	265,8

Tabela 6.2: Resultados dos algoritmos genéticos (AG) incluindo o torneio em todas as iterações (TA)

Fonte: Elaboração própria

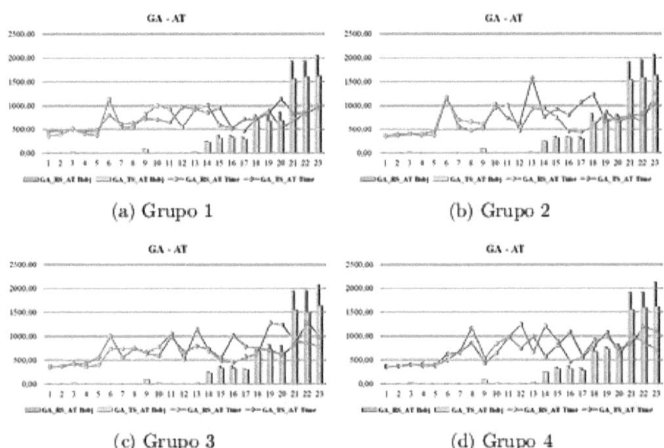

(a) Grupo 1 (b) Grupo 2

(c) Grupo 3 (d) Grupo 4

Figura 1: Comparação da qualidade da solução vs. tempo de computação

Fonte: Elaboração própria

Comparação entre algoritmos genéticos que incluem o torneio em todas as iterações

De acordo com a tabela 6.2, o tempo médio para o algoritmo GA_RS_AT encontrar uma resposta viável foi de 687s, este tempo aumenta em aproximadamente 30% para instâncias grandes, enquanto que para instâncias pequenas é reduzido em até 50%. Por outro lado, o tempo médio utilizado pelo algoritmo GA_TS_AT é de 734s, para este algoritmo o tempo para instâncias pequenas pode ser reduzido em até 60%, enquanto para instâncias grandes o tempo pode ser duplicado.

A partir da Figura 6.1 apresentada anteriormente, pode-se analisar o comportamento dos dois modelos, observando-se que o tempo utilizado pelo algoritmo GA_TS_AT na maioria dos casos supera o do algoritmo GA_RS_AT, podendo-se analisar também que este modelo consegue uma melhor solução num menor tempo. Para todos os grupos, nota-se a superioridade do modelo GA_TS_AT, obtendo melhores resultados, sendo de salientar que a diferença de tempo de ambos os modelos seria em média de 7 %.

COMPARAÇÃO ENTRE ALGORITMOS GENÉTICOS QUE INCLUEM O TORNEIO NA POPULAÇÃO INICIAL

GRUPO 1	GA_ RS_1T		GA TS IT		**GRUPO 2**	**GA RS IT**		GA TS IT		**GRUPO 3**	GAJ RS_1T		GA_TS_1T		**GRUPO 4**	GA_RS_1T		GA_TS_1T		**GRUPO 5**	**GA_RS_1T**		GA_TS_1T	
INSTÂNCIA	Bobj	Tempo	Bobj	Tempo	**INSTÂNCIA**	Bobj	Tempo	Bobj	Tempo	**INSTÂNCIA**	Bobj	Tempo	Bobj	Tempo	INSTÂNCIA	Bobj	Tempo	Bobj	Tempo	INSTÂNCIA	Bobj	Tempo	Bobj	Tempo
1	1,85	136,5	1,85	86,9	1	1,85	**122**	1,85	90,4	1	1,85	**121,7**	1,85	92,9	1	1,85	120,8	1,85	92,1	1	1,85	100,6	1,85	138,6
2	1,85	125,2	1,85	87,7	2	1,85	124,9	1,85	94,5	2	1,85	123,9	1,85	96,2	2	1,85	123,5	1,85	107,1	2	1,85	106,6	1,85	78,4
3	15,34	149	15,34	121	3	15,34	130	15,34	91	3	15,34	136	15,34	101	3	15,34	124	15,34	94	3	16	123	**16**	151
4	14,04	134	14,04	**118**	4	14,04	211	14,04	99	4	14,04	184	14,04	92	4	14,04	137	14,04	124	4	24	128	24	92
5	15	126	14	**111**	5	14	126	14	98	5	14	136	14	96	5	14	162	14	141	5	20	133	20	118
6	18	560	17	144	6	19	183	28	185	6	27	155	19	150	6	37	127	26	195	6	64	144	69	146
7	5,9	190,4	7,9	138,4	7	6,9	166,2	7,9	102	7	6,9	227,1	6,9	105,5	7	7,9	128,9	8,9	**112**	7	12067951	134	11670919	111
8	6,9	258,8	6,9	213,8	8	5	143	6,9	154,7	8	5,9	162,8	5	293	8	7,9	130,7	5,9	156	8	3092626	135	8267234	100
9	103	**131**	84	**116**	9	**111**	149	112	107	9	116	**131**	89	135	9	102	342	**112**	145	9	154	**151**	141	113
10	47	285	41	179	10	38	491	47	223	10	47	174	35	251	10	38	291	42	149	10	77	366	85	102
11	35	237	45	157	11	44	163	42	133	11	44	276	35	141	11	45	193	42	**93**	11	80	**161**	70	220
12	9,9	215,1	9,9	201,3	12	9,9	196,5	12	101	12	8,1	396,2	9	198	12	9,9	**177,3**	11	155	12	3171014	158	3068416	235
13	60	305	45	285	13	49	**447**	63	144	13	55	157	66	96	13	54	185	66	190	13	37570787	60	37848151	96
14	274	745	265	152	14	9364	152	231	222	14	300	163	274	185	14	283	183	622	120	14	2224287	332	1310820	146
15	369	159	310	214	15	354	285	309	168	15	372	184	315	164	15	361	156	**316**	265	15	409	239	327	165
16	391	239	331	144	16	376	362	332	228	16	351	438	292	197	16	362	207	332	**140**	16	417	223	337	152
17	340	147	291	179	17	314	232	281	**217**	17	304	193	289	124	17	284	309	304	149	17	350	225	310	143
18	808	385	722	186	18	854	228	689	386	18	883	166	748	142	18	839	328	716	**217**	18	943	257	804	259
19	851	188	785	146	19	861	539	722	156	19	837	249	759	272	19	865	324	739	228	19	954	185	839	254
20	842	549	751	197	20	870	277	726	235	**20**	838	381	713	233	20	870	**316**	730	**204**	20	962	275	839	162
21	1893	445	1570	273	21	1915	212	1573	257	21	1890	379	1551	213	21	1905	365	1496	362	21	565552472	98	9414435	276
22	1987	266	1608	198	22	1979	295	1545	329	22	1951	239	1608	262	22	1874	306	1554	176	22	2157	143	17513601	121
23	2056	548	1668	267	23	2125	275	1677	178	23	2092	**231**	1615	261	23	2118	249	**1617**	180	23	1494456211	296	824974338	90

Tabela 6.3: Resultados dos algoritmos genéticos (GA) incluindo o torneio na população inicial (IT)

Fonte: Elaboração própria

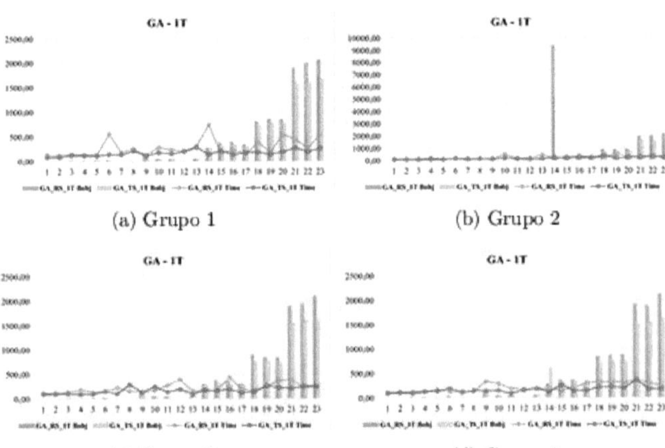

(a) Grupo 1

(b) Grupo 2

(c) Grupo 3

(d) Grupo 4

Figura 2: Comparação da qualidade da solução vs. tempo de computação

Fonte: Elaboração própria

Comparação entre algoritmos genéticos que incluem o torneio apenas na população inicial.

Para a comparação destes dois algoritmos genéticos, pode concluir-se da tabela 6.3 que o tempo médio do algoritmo GA_RS_1T teve uma média de 227s para produzir uma resposta viável, gerando respostas ineficientes. Por outro lado, o tempo médio do algoritmo GA_TS_1T foi de 166s. A comparação deste par de algoritmos evidenciou que ambos os modelos são muito eficientes em termos de tempo computacional. No entanto, a qualidade das respostas do grupo 5 estava longe de ser óptima para ambos os algoritmos.

A partir da Figura 6.2, que compara o tempo de computação vs. a qualidade da solução, verifica-se que o algoritmo GA_TS_1T apresenta melhores resultados em termos de tempo de computação e qualidade da solução do que o algoritmo GA_RS_1T, uma vez que este último algoritmo utiliza mais tempo para dar uma resposta viável, podendo mesmo notar-se especificamente na Figura 6.2b que o algoritmo GA_RS_1T para a instância 14 obtém uma solução demasiado afastada em relação à do seu adversário, no entanto, nesse mesmo grupo os dois algoritmos têm tempos muito semelhantes, apenas nas instâncias 10, 13 e 19 é visível uma ligeira diferença entre os seus tempos.

COMPARAÇÃO ENTRE ALGORITMOS GENÉTICOS QUE GERAM A SEQUENCIAÇÃO DE FORMA ALEATÓRIA

SHOUT 1	GA RS AT		GA RS IT		INSTÂNCIA DO GRUPO	GA RS AT		GA RS IT		GRITO 3	GARSAT		GA_RS_1T		GRUPO 4	GARSAT		GA_RS_1T		GRITO 5	GARSAT		GA_RS_1T	
INSTÂNCIA	Bobj	Tempo	Bobj	Tempo	2	Bobj	Tempo	Bobj	Tempo	INSTÂNCIA	Bobj	Tempo	Bobj	Tempo	INSTÂNCIA	Bobj	Tempo	Bobj	Tempo	INSTÂNCIA	Bobj	Tempo	Bobj	Tempo
1	1,85	363	1,85	136,5	1	1,85	360,9	1,85	122	1	1,85	356,9	1,85	121,7	1	1,85	361	1,85	120,8	1	1,85	376,6	1,85	100,6
2	1,85	393	1.85	125,2	2	1,85	404,1	1,85	124,9	2	1,85	373,6	1,85	123,9	2	1,85	375,5	1,85	123,5	2	1,85	361,5	1,85	106,6
3	15,34	513	15,34	149	3	15.34	406	15,34	130	3	15,34	423	15,34	136	3	15,34	410	15,34	124	3	16	498	16	123
4	14,04	409	14,04	134	4	14,04	385	14,04	211	4	14,04	368	14,04	184	4	14,04	383	14,04	137	4	24	430	24	128
5	14	377	15	126	5	14	377	14	126	5	14	395	14	136	5	14	389	14	162	5	22	441	20	133
6	0	1141	18	560	6	5,6	1158,5	19	183	6	12	738	27	155	6	12	506	37	127	6	29	773	64	144
7	5	555	5,9	190,4	7	4	704	6,9	166,2	7	3	741	6,9	227,1	7	4	678	7,9	128,9	7	2497567	676	12067951	134
8	3	547	6,9	258,8	8	4	664	5	143	8	3	750	5,9	162,8	8	0,99	1173,45	7,9	130,7	8	11	1450	3092626	135
9	87	824	103	131	9	95	614	111	149	9	93	665	116	131	9	91	535	102	342	9	107	503	154	151
10	14	1003	47	285	10	93	958	38	491	10	20	782	47	174	10	15	847	38	291	10	33	677	77	366
11	11	927	35	237	11	14	1010	44	163	11	11	1058	44	276	11	14	986	45	193	11	32	644	80	161
12	6,3	545,9	9,9	215,1	12	7,2	474,4	9,9	196,5	12	8,1	518,7	8,1	396,2	12	4,5	1251,1	9,9	177,3	12	1160213	1031	3171014	158
13	19	924	60	305	13	22	929	49	447	13	14	1152	55	157	13	22	664	54	185	13	29794262	294	37570787	60
14	250	1014	274	745	14	259	945	9364	152	14	264	690	300	163	14	254	1216	283	183	14	483828	819	2224287	332
15	380	591	369	159	15	345	753	354	285	15	374	486	372	184	15	350	887	361	156	15	375	709	409	239
16	370	520	391	239	16	342	464	376	362	16	385	452	351	438	16	379	466	362	207	16	399	633	417	223
17	332	475	340	147	17	332	453	314	232	17	326	570	304	193	17	329	552	284	309	17	343	638	350	225
18	817	743	808	385	18	828	561	854	228	18	772	635	883	166	18	799	810	839	328	18	845	987	943	257
19	801	893	851	188	19	834	868	861	539	19	822	1276	837	249	19	773	1081	865	324	19	901	935	954	185
20	859	532	842	549	20	816	666	870	277	20	804	1234	838	381	20	831	599	870	316	20	907	918	962	275
21	1932	685	1893	445	21	1911	769	1915	212	21	1934	897	1890	379	21	1909	1014	1905	365	21	2123	237	565552472	98
22	1928	851	1987	266	22	1956	653	1979	295	22	1950	858	1951	239	22	1907	871	1874	306	22	655338470	238	2157	143
23	2049	948	2056	548	23	2067	1272	2125	275	23	2073	776	2092	231	23	2113	698	2118	249	23	2462	238	L494E+09	296

Tabela 6.4: Resultados dos algoritmos genéticos (GA) que geram a sequenciação aleatória (RS)

Fonte: Elaboração própria

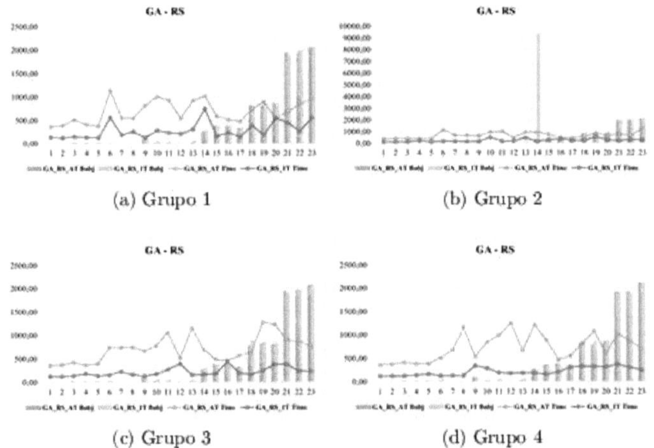

(a) Grupo 1 (b) Grupo 2

(c) Grupo 3 (d) Grupo 4

Figura 3: Comparação da qualidade da solução vs. tempo de computação

Fonte: Elaboração própria

Comparação entre algoritmos genéticos que geram sequências de forma aleatória

Tendo em conta a tabela 6.4, nesta secção analisa-se o algoritmo genético na sua versão clássica, mas com as variações do torneio, sendo a versão genética com a versão do torneio apenas na população inicial mais eficiente em termos de tempo de computação do que o algoritmo com o torneio aplicado em todas as iterações. O tempo médio do algoritmo GA_RS_AT foi de 687s, enquanto o tempo médio do algoritmo GA_RS_1T foi de 227s, optimizando o tempo de cálculo desta versão modificada do algoritmo genético em 33%.

Relativamente aos gráficos apresentados na Figura 6.3, é possível observar que ao aplicar o mecanismo de realizar o torneio apenas na população inicial, o tempo foi sempre inferior em todos os grupos em relação ao algoritmo onde o torneio foi realizado iterativamente. Para além disso, a qualidade da solução também foi boa, os resultados obtidos pelo algoritmo GA_RS_1T foram muito semelhantes aos resultados obtidos pelo algoritmo GA_RS_AT. É de salientar que nos testes realizados houve um caso em que o algoritmo GA_RS_1T foi substancialmente diferente da resposta obtida pelo algoritmo GA_RS_AT, mas de uma forma geral, a ideia de realizar o torneio apenas no início de cada população teve bons resultados tanto a nível computacional como a nível da qualidade da solução.

COMPARAÇÃO ENTRE ALGORITMOS GENÉTICOS UTILIZANDO A HEURÍSTICA DO VIZINHO MAIS PRÓXIMO PARA A GERAÇÃO DE SEQUÊNCIAS

INSTÂNCIA DO GRUPO 1	GA TS AT		GA_TS_1T		GRUPO 2 INSTÂNCIA	GA TS AT		GA TS LT		INSTÂNCIA DO GRUPO 3	GA TS AT		GA_TS_1T		GRUPO 4 INSTÂNCIA	GA TS AT		GA_TS_1T		GRUPO 5 INSTÂNCIA	GA TS AT		GA_TS_1T	
	Bobj	Tempo	Bobj	Tempo		Bobj	Tempo	Bobj	Tempo		Bobj	Tempo	Bobj	Tempo		Bobj	Tempo	Bobj	Tempo		Bobj	Tempo	Bobj	Tempo
1	**1,B5**	454,4	1,85	86,9	1	1,85	360	1,85	90,4	1	1,85	374,3	1,85	92,9	1	1,85	377,7	1,85	92,1	1	1,85	377,4	1,85	138,6
2	1.85	473,8	1,85	87,7	2	1,85	369,5	1,85	94,5	2	1.85	378,4	1,85	96.2	2	1,85	377,3	1,85	107,1	2	1,85	350,7	1,85	78,4
3	15.34	507	15,34	**121**	3	15,34	399	15,34	91	3	15.34	425	15,34	101	3	15,34	407	15,34	94	3	16	409	16	151
4	**14,04**	462	14,04	118	4	14,04	399	14,04	99	4	**14,04**	435	**14,04**	92	4	**14,04**	416	14,04	124	4	23	479	24	92
5	13.53	486	14	**111**	5	13,53	471,3	14	98	5	13.53	568,85	14	96	5	14	405	14	141	5	22	579	20	118
6	6.2	801,5	17	**144**	6	5,7	1183,5	28	185	6	13.62	**1009,4**	19	150	6	5,7	625,3	26	195	6	44	635	69	146
7	5	608	7,9	138,4	7	3	564	7,9	102	7	4	558	6,9	105,5	7	3	659	8,9	112	7	3165159	586	11670919	**111**
8	3.96	638,6	6.9	213,8	8	3	480	6,9	154,7	8	3	743	5	293	8	4	861	5,9	156	8	8.9	1199	8267234	100
9	82	728	84	116	9	90	545	**112**	107	9	86	638	89	**135**	9	82	433	**112**	145	9	94	1482	141	113
LO	12.55	714,93	**41**	**179**	10	11	1035	47	223	10	19	595	35	251	10	16	644	42	149	10	46	578	85	102
11	11,05	650,38	45	157	11	6,05	734,15	42	133	**11**	14	987	35	141	11	8,8	981,5	42	93	11	32	877	70	220
12	6.3	971,9	9,9	201,3	12	7Д	626,3	12	101	12	6.3	667,8	9	198	12	6.3	745,2	11	155	12	1232010	1245	3068416	235
13	21	939	45	285	13	14	1576	63	144	13	22	792	66	96	13	25	991	66	190	**13**	25961909	479	37848151	96
14	233	851,87	265	152	14	242	767	**231**	222	14	227	728	274	185	14	245	574	622	120	14	413611	**1161**	1310820	146
15	314	955	310	**214**	15	316	926	309	168	15	330	538	315	164	15	319	799	316	265	15	347	656	327	165
16	334.5	528,15	331	**144**	16	320	809	332	228	16	330	1014	292	197	16	314	1085	332	140	16	329	818	337	152
17	293	720	291	179	17	287	1072	281	217	**17**	297	784	289	124	17	280	586	304	149	**17**	305	677	**310**	143
18	**690,4**	718,31	722	186	18	658	1232	689	386	18	689	747	748	142	18	666	913	716	217	18	708	1064	804	259
19	674	852	785	146	19	717	668	722	156	19	708	705	759	272	19	721	975	739	228	19	791	699	839	254
20	685.6	1141,8	751	**197**	**20**	68 5,2	743,3	726	235	20	670	607	713	233	20	700	750	730	204	20	**775,85**	1482	839	162
21	1557	841	1570	273	21	1534	781	1573	257	21	1539	829	**1551**	213	21	1538	835	1496	362	21	1787	275	**9414435**	276
22	**1600**	841	1608	198	22	1575	821	1545	329	22	1503	1293	1608	262	22	1585	1196	1554	176	22	8592012	471	17513601	**121**
23	1621	992	1668	267	23	1625	1024	1677	178	23	1628	988	1615	261	23	1609	**1101**	1617	180	23	1802,9	265,8	824974338	90

Tabela 6.5: Resultados dos algoritmos genéticos (GA) que geram a sequenciação heurística (TS)
Fonte: Elaboração própria

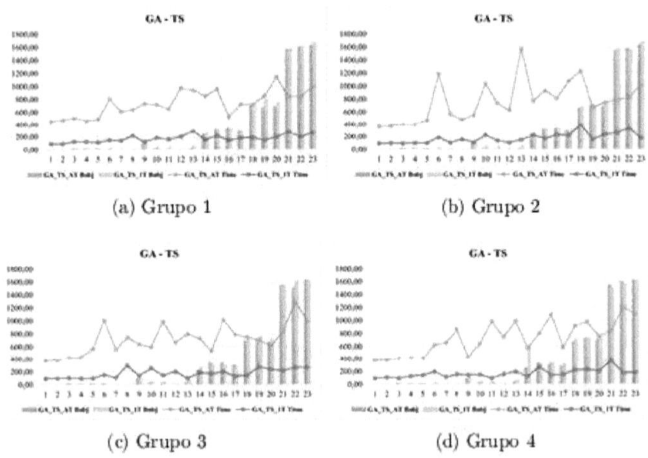

(a) Grupo 1
(b) Grupo 2
(c) Grupo 3
(d) Grupo 4

Figura 4: Comparação da qualidade da solução vs. tempo de computação
Fonte: Elaboração própria

Comparação entre algoritmos genéticos utilizando a heurística do vizinho mais próximo para a geração de sequências

Nesta secção, vamos comparar os algoritmos que utilizam a heurística do vizinho mais próximo com a diferença entre algoritmos no desempenho do torneio. O algoritmo GA_TS_AT teve um tempo médio de 734s para obter uma solução viável, enquanto o algoritmo GA_TS_1T teve um tempo médio de 166s. Para além disso, pode também observar-se na tabela 6.5 que os algoritmos dos 4 grupos iniciais atingem um resultado semelhante para as 3 últimas instâncias, ou seja, as maiores, com uma diferença inferior a 100. Quanto ao grupo 5 com as mesmas instâncias, observa-se uma diferença substancial entre os dois algoritmos, sendo o GA_TS_1T o menos favorecido.

Após a análise dos gráficos apresentados na Figura 6.4 nota-se que estes dois algoritmos têm comportamentos semelhantes aos referidos na comparação anterior, onde o algoritmo GA_TS_1T que aplica o torneio apenas na população inicial teve um tempo inferior em todos os grupos relativamente ao algoritmo onde o torneio é utilizado em todas as iterações. Pode ver-se como o algoritmo GA_TS_AT atinge um tempo elevado de 1600s no grupo 2. Para além disso, observa-se que a qualidade da solução entre estes dois algoritmos é muito semelhante.

GRUPO 1 INSTÂNCIA	TLBO RS Bobj	TLBO RS Tempo	TLBO TS Bobj	TLBO TS Tempo	INSTÂNCIA DO GRUPO 2	TLBO RS Bobj	TLBO RS Tempo	TLBO TS Bobj	TLBO TS Tempo	GRUPO 3 INSTÂNCIA	TLBORS Bobj	TLBORS Tempo	TLBO_TS Bobj	TLBO_TS Tempo	GRUPO 4 INSTÂNCIA	TLBORS Bobj	TLBORS Tempo	TLBO_TS Bobj	TLBO_TS Tempo	GRUPO 5 INSTÂNCIA	TLBO_RS Bobj	TLBO_RS Tempo	TLBO_TS Bobj	TLBO_TS Tempo
1	EUA	643,7	1,85	367,1	1	1,85	288,7	1,85	288,9	1	1,85	285,6	1,85	293,8	1	1,85	277,8	1,85	294,6	1	1,85	289,3	1,85	399,3
2	L85	418	1,85	389,4	2	EUA	**30 L**	1,85	302,9	2	1,85	287,7	1,85	309	2	1,85	285,9	1,85	296,7	2	1,85	301,4	1,85	692,5
3	15.34	425	15,34	386	3	17	297	15,34	326	3	15,34	300	15,34	310	3	16	293	15,34	319	3	**17**	292	16	397
4	14,04	425	14,04	387	4	14,04	312	14,04	389	4	14,04	293	14,04	329	4	14,04	504	14,04	422	4	35	308	23	311
5	16	431	14	384	5	14	**311**	14	317	5	14	484	14	315	5	14	313	17	309	5	**29**	297	20,3	398
6	12	**448**	62	753,6	6	12	465	L8	365	6	0	514	**12**	437	6	6.2	337,3	12	463	6	36	550	37	750
7	S	458	5	431	7	5	737	4	443	7	4	531	4	442	7	S	543	5	362	7	7073519	537	10577790	460
8	3	490	3	44L	8	3	377	3	372	8	3	356	**4**	441	8	4	360	2	487	8	9,9	349,9	11	443
9	81	705	75	**495**	9	75	872	83	470	9	81	747	74	449	9	80	983	74	811	9	**111**	521	123	546
LO	10	778	27	433	10	9.3	783,1	20	442	10	25	54 L	21	479	10	20	380	19	381	10	62	393	62	372
11	17	772	15	458	11	14	835	27	392	11	16	559	**17**	452	11	15	383	10	379	11	31	566	25	377
12	6.3	471,6	6,3	473,6	12	6.3	368,4	5,4	463,6	12	U	382,6	U	403,4	12	8,1	356,8	72	454,6	12	2115808	395	1031008	469
13	24	823	20	462	13	21	381	31	426	13	23	534	26	409	13	26	332	19	730	13	128	481	157	391
14	230	1642	218	808	14	244	**617**	204	550	14	188	757	213	669	14	198	853	209	663	14	273385	916	309010	1063
15	280	**1223**	224	**1097**	15	296	1336	243	834	15	256	830	243	**611**	15	261	1010	234	937	15	325	596	232	1097
16	261	596	248	925	16	274	857	269	953	16	310	716	268	894	16	248	765	269	953	16	292	918	291	1000
17	208	902	232	828	17	263	812	192	1193	17	230	803	197	958	17	218	1063	199	879	17	229	589	225	1260
18	609	1055	539	755	18	634	15L8	582	843	18	656	1016	569	1255	18	613	1196	575	870	18	642	1146	599	1160
19	637	2061	593	1378	19	595	771	574	1697	19	650	1736	572	1584	19	633	1116	536	1417	19	672	700	645	1920
20	660	836	636	899	20	594	1358	547	753	20	592	1354	575	885	20	630	909	553	L552	20	665	1393	634	1256
21	1723	1638	1363	1661	21	1675	1637	1345	1410	21	1683	897	1303	1294	21	1665	1392	1264	1311	21	1704	304	1674	301
22	1715	1795	1398	1769	22	1679	L683	1423	1558	22	**1598**	3602	L4L6	1622	22	1585	L342	L332	L542	22	**L799**	270	1685	665
23	1797	784	1460	1401	23	1612	1586	1385	2341	23	1716	**1110**	1405	1386	23	1646	1929	1399	1270	23	1734	422	1384	810

COMPARAÇÃO ENTRE ALGORITMOS DE OPTIMIZAÇÃO BASEADOS NO PROCESSO DE ENSINO E APRENDIZAGEM (TLBO)

Tabela 6.6: Resultados dos algoritmos TLBO
Fonte: Elaboração própria

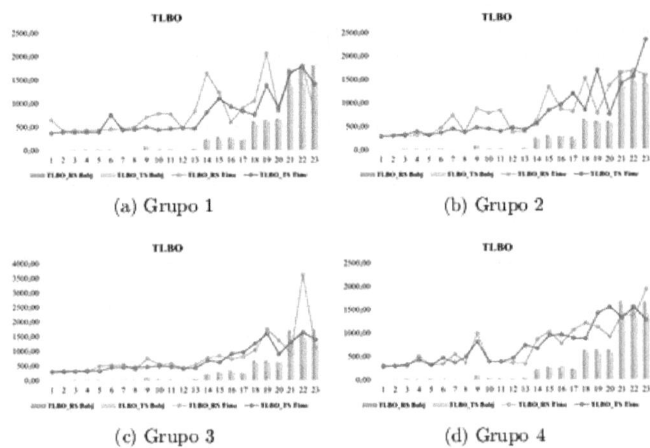

(a) Grupo 1 (b) Grupo 2 (c) Grupo 3 (d) Grupo 4

Figura 5: Comparação da qualidade da solução vs. tempo de computação
Fonte: Elaboração própria

Comparação entre algoritmos TLBO

Nesta secção comparamos o par de algoritmos TLBO adaptados, os resultados obtidos pelo algoritmo TLBO sem a heurística do vizinho mais próximo e o outro com a aplicação desta heurística, tendo em conta a tabela 6.6 pode dizer-se que o tempo médio utilizado pelo TLBO_RS foi de 751s e o tempo médio do algoritmo TLBO_TS foi de 733s, nesta ocasião a diferença dos algoritmos em termos de tempo computacional não foi tão significativa, no entanto, em termos de qualidade da solução o algoritmo TLBO_TS representa melhores soluções.

Este último facto é melhor evidenciado na Figura 6.5, onde os resultados do algoritmo TLBO_RS estão sempre abaixo dos resultados obtidos pelo outro algoritmo, sendo mais notório nas últimas 3 instâncias. Agora, em particular no grupo 3, para a instância 22 o algoritmo TLBO_RS atinge um tempo exagerado de 3602s, onde se nota uma grande diferença em relação ao algoritmo TLBO_TS. Adicionalmente, pode dizer-se que apenas em duas ocasiões o algoritmo TLBO_TS supera o seu rival na instância maior, atribuindo estas ocasiões aos grupos 1 e 2.

Comparação das médias entre todos os algoritmos desenvolvidos

A Tabela 6.7 mostra os resultados médios obtidos em todos os grupos para cada algoritmo proposto, tanto em termos da qualidade da solução (Bobj) como do tempo de computação empregue (Time).

COMPARAÇÃO DAS MÉDIAS ENTRE TODOS OS ALGORITMOS DESENVOLVIDOS

GRUPO	GA RS AT		GA TS AT		GA RS IT		GA TS IT		TLBO RS		TLBO TS	
	Bobj	Melodia	Bobj	Melodia	Bobj	Melodia	Bobj	Melodia	Bobj	Melodia	Bobj	Melodia
GRUPO 1	430,9	685,8	356.4	733,8	441,1	283,7	374,1	170,2	362,1	861,8	309,4	755,7
GRUPO 2	430,4	689,1	354,2	764,6	841	239,5	367,4	173,9	350,4	804,5	304,5	744.8
GRUPO 3	431,1	704,1	353,7	713,2	442,4	217,6	368,5	169,6	351,5	810,3	303,2	705,5
GRUPO 4	428,5	728.4	355.4	727,7	439,6	216,7	382	165	343.9	735,8	294,3	743,6
GRUPO 5	29968825	631	1711819	732	92093130	181	39742252	151	411793	545	518507	719

Tabela 6.7: Medianas entre os resultados dos algoritmos propostos

Fonte: Elaboração própria

Da tabela acima pode-se dizer que as alterações feitas para o grupo 5 afectam significativamente a qualidade da solução de todos os algoritmos, devido à capacidade restrita que foi gerada neste grupo, sendo que os algoritmos TLBO apresentam uma solução melhor que os restantes. Relativamente ao tempo, é de referir que os algoritmos genéticos que incluem o torneio apenas na população inicial têm um desempenho superior aos restantes, mais ainda o algoritmo GA_TS_1T, que em média não demora mais de 174s a encontrar uma solução viável.

Deve acrescentar-se que o algoritmo que produz em média a melhor solução em todos os grupos é o algoritmo TLBO_TS, exceto no grupo 5, onde o outro algoritmo TLBO o supera, pelo que se pode dizer que a heurística tem uma influência positiva na tomada de decisão. No entanto, entre todos os algoritmos não existe uma diferença muito grande na qualidade da solução para os 4 grupos iniciais, todos se situam aproximadamente entre 300 e 450, exceto no caso do algoritmo GA_RS_1T no grupo 2.

CAPÍTULO 7

CONCLUSÕES E TRABALHOS FUTUROS

7.1. Conclusões

Este trabalho centrou-se no desenvolvimento de métodos de solução para o problema integrado de dimensionamento de lotes e sequenciação da produção em máquinas que trabalham em paralelo com *setups* dependentes da sequência. Foram desenvolvidos seis métodos híbridos em que a primeira parte, baseada em metaheurísticas, se encarrega de determinar a atribuição dos lotes às máquinas, depois determina-se a sequenciação e uma última parte, que é a parte exacta, encarrega-se do dimensionamento dos lotes.

Dos métodos propostos, 4 eram baseados na teoria da evolução biológica (Algoritmo Genético) onde foi efectuada uma parametrização através de um desenho de experiências, de modo a identificar os parâmetros que melhor se adequam ao problema. Os outros 2 métodos foram baseados na simulação de uma sala de aula (Algoritmo TLBO).

A partir dos resultados e gráficos apresentados na secção anterior, podem ser tiradas as seguintes conclusões:

- O melhor algoritmo adaptado da evolução biológica (AG), em termos de tempo computacional e qualidade de resposta foi o algoritmo onde o torneio foi implementado apenas na população inicial e onde se aplicou a heurística do vizinho mais próximo, no entanto, é de salientar que o algoritmo onde se utilizou a heurística mas com o torneio em todas as iterações, apresentou melhores soluções com a diferença que em tempo o algoritmo acima referido, por vezes melhorou em 300 % e a qualidade de resposta ficou apenas a 18,41 % em média.
- O melhor algoritmo adaptado da simulação de um ambiente de sala de aula (TLBO), em termos de tempo computacional e qualidade de resposta, foi o algoritmo que utilizou a adaptação da heurística, este algoritmo demorou em média 755,75s a dar uma resposta viável, diferindo do algoritmo TLBO sem a heurística em 14%. Este algoritmo aproxima-se e atinge mesmo o ótimo para instâncias pequenas, afastando-se do ótimo para instâncias médias e sendo ligeiramente menos eficiente com instâncias grandes.
- Em suma, pode dizer-se que os resultados produzidos pelos 6 algoritmos propostos em relação aos resultados mostrados pelo modelo CLSD exato, atingem o ótimo nas instâncias com cenários pequenos, especificamente para as instâncias 1 a 5 nos grupos 1, 2, 3 e 4, destacando-se os algoritmos GA_RS_AT e TLBO_RS que atingiram o ótimo também na instância 6, para o grupo 5 todos atingem o ótimo apenas nas primeiras 2 instâncias, mas mostram uma grande aproximação nas outras instâncias pequenas.

É importante ressaltar que o principal objetivo deste trabalho foi a comparação e/ou adaptação de diferentes métodos aproximados para este problema. Pode-se destacar que a implementação da heurística do vizinho mais próximo para a geração do sequenciamento ajudou significativamente o tempo computacional utilizado por cada algoritmo, porém, os algoritmos que não utilizaram esta variação apresentaram resultados ligeiramente melhores nas instâncias grandes.

Consequentemente, salienta-se que o algoritmo TLBO com a implementação da heurística está muito mais próximo das soluções nas instâncias grandes, mas o tempo de computação é superior ao tempo de computação empregue pelo algoritmo genético com o torneio apenas na população inicial e a implementação da heurística, este algoritmo obtém melhores resultados em termos de tempo computacional sem deixar de lado a qualidade das soluções em instâncias pequenas e médias. No entanto, neste trabalho foi dada uma maior importância ao tempo computacional com soluções viáveis.

Por fim, conclui-se que um dos melhores algoritmos propostos neste trabalho é o algoritmo

TLBO, sabendo-se que com a heurística do vizinho mais próximo poupa mais tempo computacional, destacando-se da mesma forma o algoritmo genético com o torneio apenas na população inicial e a heurística de sequenciação, É de salientar que nas instâncias pequenas atingiu o ótimo, enquanto que no grupo 5 este algoritmo nas instâncias grandes começou a ficar em óptimos locais e não melhorou a sua solução durante mais de uma hora.

7.2. Trabalho futuro

Como possível trabalho futuro, propõe-se abordar o mesmo problema estudado com um algoritmo genético em que ambas as partes do problema, sequenciamento e dimensionamento de lotes, possam ser realizadas, aplicando apenas o método aproximado, comparando os resultados obtidos por este algoritmo vs. os resultados obtidos neste trabalho. Além disso, propõe-se estudar e/ou adaptar ao problema diferentes algoritmos adicionais da literatura e efetuar comparações entre os algoritmos já propostos e os novos algoritmos adaptados.

Além disso, propõe-se estudar mais aprofundadamente outras formas de adaptar o algoritmo TLBO, tendo em conta que, nos casos em que um aluno é o seu próprio professor, o professor não contribui em nada para a *fase do aluno,* e propõe-se também considerar a opção de um aluno com melhores notas poder aprender com um aluno relativamente "mau".

Por fim, é proposta a avaliação de instâncias maiores, para verificar novamente o desempenho dos algoritmos no que respeita ao tempo de computação e à qualidade das soluções.

REFERÊNCIAS

Abdel-Basset, M., Abdel-Fatah, L., y Sangaiah, A. K. (2018). *Algoritmos metaheurísticos: uma revisão abrangente.* Elsevier Inc. baixado de https://doi.org/10.1016/B978-0 -12-813314-9.00010-4 doi: 10.1016/B978-0-12-12-813314-9.00010-4

Absi, N. (2008). *Models and methods for capacitated lot-sizing problems* (Dissertação de doutoramento não publicada). Springer.

Almada-Lobo, B., y James, R. J. (2010). Meta-heurísticas de pesquisa de vizinhança para dimensionamento de lotes capacitados com configurações dependentes de sequência. *Revista Internacional de Pesquisa em Produção, 48(3),* 861-878.

Aurelio, M., Pacheco, C., Hamacher, S., y Almeida, M. R. D. (2015). Algoritmos Genéticos para Programação da Produção em Refinarias de Petróleo (janeiro).

Azocar, H. O., y Hornig, E. S. (2014). Dimensionamento de lotes e programação de uma máquina multi-produto com setup e escassez. *Revista de Engenharia Industrial, 13(2).*

Bonrostro, J. A. P. (2015). *Investigação operacional: o papel da matemática na tomada de decisões: aplicações sociais, humanitárias e de saúde: aula inaugural do ano letivo 2015-2016.* Universidade de Burgos, Serviço de Publicações e Imagem Institucional.

Boonmee, A., e Sethanan, K. (2016). Um glnpso para o problema de dimensionamento e programação de lotes capacitados em vários níveis na indústria avícola. *Jornal Europeu de Investigação Operacional, 250(2),* 652-665.

Bozer, Y. A., y Wang, C.-T. (2012). Uma representação de pares de gráficos e uma heurística baseada no modelo mip para o problema de layout de instalações de área desigual. *Jornal Europeu de Investigação Operacional, 218(2),* 382-391.

Camelo Salinas, D. C. (2020). Estado da arte do uso da geometria de bolhas para fins educacionais na Colômbia.

Castillo, E., Conejo, A. J., Pedregal, P., Garcia, R., e Alguacil, N. (2002). Formulação e resolução de modelos de programação matemática em engenharia e ciência. *Escuela Técnica Superior de Ingenieros Industriales, Escuela Técnica Superior de Ingenieros de Caminos, Canales y Puertos. Universidade de Castilla La Mancha.*

Chen, S., Berretta, R., Clark, A., & Moscato, P. (2019). Dimensionamento e programação de lotes para produtos alimentares perecíveis: uma revisão.

Coello, C. A. C. (1995). *Introdução aos Algoritmos Genéticos* (No. 17).

Conover, W. J., Johnson, M. E., y Johnson, M. M. (1981). Um estudo comparativo de testes de homogeneidade de variâncias, com aplicações aos dados de licitação da plataforma continental externa. *Technometrics,* 55(4), 351-361.

Contreras, IL. Sierra, E. A., Hernández, H. D., Hernández, N. B., e Moyotl, V. J. (2020). Sistema de avaliação inteligente para medir habilidades de raciocínio matemático. *Revista Iberoamericana de Evaluación Educativa,* 75(1), 251-280.

Crainic, T. G., Davidovic, T., e Ramljak, D. (2014). Projetando métodos meta-heurísticos paralelos. *Handbook of Research on High Performance and Cloud Computing in Scientific Research and Education,* 260-280. doi: 10.4018/978-1-4666-5784-7.ch011.

Cruz, N. C., Redondo, J. L., Alvarez, J. D., Berenguel, M., e Ortigosa, P. M. (2016). *Aplicação de um procedimento de otimização de ensino-aprendizagem paralelo para focagem automática de helióstatos.*

Diego-Más, J. A., Ballester, V. C., e Santamarina Siurana, C. (2020). Otimização do layout da planta usando algoritmos genéticos. Contribuição para o controlo da geometria da atividade. *Dialnet, 1,* 415.

Dokeroglu, T. (2015). Algoritmos híbridos de otimização baseados no ensino-aprendizagem para o Problema de Atribuição Quadrática. *Computadores e Engenharia Industrial, 85*(março), 86101. Descarregado de http://dx.doi.org/10.1016/j.eie.2015.03.001 doi: 10.1016/ j.eie.2015.03.001

Drexl, A., y Kimms, A. (1997). Lot sizing and scheduling-survey and extensions. *Jornal Europeu de Investigação Operacional, 99(2),* 221-235.

Fandel, G., e Stammen-Hegene, C. (2006). Dimensionamento e programação simultâneos de lotes para a produção multiprodutos em vários níveis. *International Journal of Production Economics, 10f (2),* 308-316.

Fernández, A. D., Velarde, J. G., Laguna, M., Mascato, P., Tseng, F., Glover, F., e Ghaziri, H. (1996). Otimização heurística em redes neuronais, *ed. Paraninfo SA, Madrid, Espanha.*

Ferreira, D., Clark, A. IL. Almada-Lobo, B., e Morabito, R. (2012). Formulações de estágio único para dimensionamento e programação de lotes sincronizados em dois estágios na produção de refrigerantes. *International Journal of Production Economics, 136(2),* 255-265.

Fogel, A., Hsu, H. C., Shapiro, A. F., Nelson-Goens, G. C., & Secrist, C. (2006). Efeitos do jogo social normal e perturbado na duração e amplitude de diferentes tipos de sorrisos infantis. *Psicologia do Desenvolvimento, /5*(3), 459-473. doi: 10.1037/0012-1649.42.3.459.

Fogel Pedroso, R. B. . L. E. D. Ñ. (2000). Infortunio, Dignidad Y Sabiduría De Sus Antiguos Pobladores . Asunción, Paraguay: Centro De Estudios Rurales Interdisciplinarios. , 2000.

Gómez Urrutia, E., Aggoune, IL. e Dauzère-Pérès, S. (2014, 9). Resolvendo o problema integrado de lotsizing e job-shop scheduling. *International Journal of Production Research, 52,* 5236-5254. doi: 10.1080/00207543.2014.902156.

Gogna, A., y Tayal, A. (2013). Metaheurística: revisão e aplicação. *Journal of Experimental and Theoretical Artificial Intelligence, 25(A),* 503-526. Descarregado de http://dx.doi . org/10.1080/0952813X. 2013.782347 doi: 10.1080/0952813X.2013.782347

Goldberg, D. E. (1989). *Genetic Algorithms in Search, Optimization and Machine Learning.* AddisonWesley Publishing Company, Inc.

Guimarães, L., Figueira, G., Amorim, P., e Almada-Lobo, B. (2015). Modelação do dimensionamento e programação de lotes na prática. Em *Operations research and big data* (pp. 67-77). Springer.

Hernández, J. O. (2019). Abordagem metaheurística híbrida AG-RS para o problema de alocação de buffer que minimiza o estoque em processo em linhas de produção em série abertas. *,16,* 447-458.

Heurística, (n.d.). *Meanings.com.* https://www.significados.com/heuristica/.

Holland, J. H. (1975). *Adaptação em sistemas naturais e artificiais: An introductory analysis with applications to biology, control, and artificial intelligence.* U Michigan Press.

Huaracha Ortega, M. (2015). Aplicación de juegos matemáticos para mejorar la capacidad de resolución de problemas aditivos en estudiantes de segundo grado de educación primaria de la ie ignacio merino.

Johnson, D. S., & McGeoch, L. A. (2018). O problema do caixeiro viajante:. *Pesquisa local em otimização combinatória,* 215-310. doi: 10.2307/j.ctv346t9c.l3.

Karimi, B., Ghomi, S. F., y Wilson, J. (2003). O problema de dimensionamento de lotes capacitados: uma revisão de modelos e algoritmos. *Omega, 31* (5), 365-378.

Kis, T., e Kovács, A. (2013). Exact solution approaches for bilevel lot-sizing. *Jornal Europeu de Investigação Operacional, 226(2),* 237-245.

Kumar, M., Mittal, M. L., Soni, G., y Joshi, D. (2018). Um algoritmo TLBO-TS híbrido para seleção e programação integrada de projetos. *Computadores e Engenharia Industrial, //^*(outubro de 2017), 121-130. Descarregado de https://doi.Org/10.1016/j.cie.2018 .03.029 doi: 10.1016/j.cie.2018.03.029

Liu, Q., Li, X., Liu, H., y Guo, Z. (2020). Metaheurísticas multiobjetivo para problemas de

otimização discreta: uma revisão do estado da arte. *computação macia aplicada,* 106382.
López-Jiménez, D. F. (2017). A abordagem heurística aplicada à resolução de problemas em negócios: entre método e estratégia.
Maldonado, C. E. (2016). Metaheurística e resolução de problemas complexos. *Revista Colombiana de Filosofía de la Ciencia, 16(33),* 169-185.
Marti, R. (2003). Procedimentos metaestatísticos em otimização combinatória. *Matemátiques, Universidade de Valência, 1(1),* 3-62.
Martínez Lopez, C. (2018). UM ALGORITMO DE BUSCA DISCRETA DE ESQUILO APLICADO AO PROBLEMA DA LOJA DE TRABALHO COM OPERADORES QUALIFICADOS. *Angewandte Chemie International Edition, 6(11), 951-952,* 10-27.
Matai, IL. Singh, S., y Mittal, M. (2010). Problema de layout de instalações: uma revisão do estado da arte. *Vilakshan: O Jornal de Gestão XIMB, 7(2).*
Mesquita, R. (2017). *Pep: O que é um plano de controlo de produção e qual a sua importância na logística da sua empresa.* Descarregado de https://rockcontent.com/es/blog/pcp/
Mor, B., Mosheiov, G. e Shapira, D. (2020). Programação de lote em uma única máquina para minimizar o número (ponderado) de pedidos atrasados. *Cartas de processamento de informações, 164,* 106009.
Moujahid, A., Inza, L., e Larranaga, P. (2008). Tema 2: Algoritmos Genéticos. *Departamento de Informática e Inteligência Artificial Universidade do País Basco-Euskal He- rriko Unibertsitatea,* 1-33. Descarregado de http://www.sc.ehu.es/ccwbayes/docencia/ mmcc/docs/t2geneticos.pdf
Moya Rodríguez, J., e Méndez, C. (2013, 11). Otimização da resistência de engrenagens cilíndricas de dentes retos de plástico usando o software matlab. doi: 10.13140/ RG.2.1.3739.1842.
Nobre Ramos, V. M. (2017). Análise da aplicação de modelos de otimização linear na solução de problemas de dimensionamento de lotes e sequenciamento da produção de bebidas.
Novales, A. (2010). Análisis de regresión. *Universidade Complutense de Madrid: Madrid, Espanha.*
Pacheco Bonrostro, J. A. (s.d.). *Problemas de roteamento com janelas de tempo* (Tese de doutorado não publicada).
Padrón Cano, J. M. (2012). Resolução do problema de dimensionamento de lotes multinível capacitado aplicando a otimização por enxame de partículas com pesquisa local.
Parsopoulos, K. E., Konstantaras, I., e Skouri, K. (2015). Otimização metaheurística para o problema de dimensionamento de lote dinâmico de item único com devoluções e remanufatura. *Computers & Industrial Engineering, 83,* 307-315.
Peralta-abarca, J. C., e Moreno-bernal, P. (2019). : 2007-1760 (impresso), 2448-9026 (digital). *,1760,* 25-32.
Pidre, J. C., Dorado, E. D., y Lorenzo, A. G. (2002). Aplicação de Algoritmos Genéticos ao Problema de Atribuição de Salas de Aula para Exames num Centro Universitário. , 5-6.
Pinedo, M. (2014). Teoria, Algoritmos e Sistemas (fevereiro).
Piñeros, J., Toscano, A., Ferreira, D., e Morabito, R. (2021). Conjuntos de dados para problemas de dimensionamento e programação de lotes no processo de produção de bebidas à base de frutas. *Data in Brief, 35.* doi: 10.1016/j.dib.2021.106810.
Pousa, F. J. (2013). *Um algoritmo branch-and-cut para angtsp* (Tese de Bacharelado). Universidade de Buenos Aires.
Prado Bustamante, J. R. (1992). *O Planeamento e o Controlo da Produção.* Descarregado de http ://zaloamati.azc.uam.mx/bitstream/handle/11191/4503/La_planeacion_y _el_control_BAJO_Azcapotzalco.pdf?sequence=l&isAllowed=y
Puris, A. Y., Hern, P. N., e Bayas, B. O. (2020). *Desenvolvimento de metaheurísticas*

populacionais para resolução de problemas complexos.
Rao, R. V., Kalyankar, V. D., e Waghmare, G. (2014, 12). Otimização de parâmetros de processos de fundição selecionados usando algoritmo de otimização baseado em ensino-aprendizagem. *Applied Mathematical Modelling, 38,* 5592-5608. doi: 10.1016/j.apm.2014.04.036.
Rao, R. V., Savsani, V. J., y Vakharia, D. P. (2011, 3). Otimização baseada em ensino-aprendizagem: Um novo método para problemas de otimização de projeto mecânico restrito. *CAD Computer Aided Design, f3,* 303-315. doi: 10.1016/j.cad.2010.12.015
Crepinsek, M., Liu, S. H., e Mernik, L. (2012, 12). Uma nota sobre o algoritmo de otimização baseado em ensino-aprendizagem. *Ciências da Informação, 212,* 79-93. doi: 10.1016/j.ins.2012.05.009.
Sampieri, R. H. (2018). *Metodologia de pesquisa: as rotas quantitativas, qualitativas e mistas.* McGraw Hill México.
Sepúlveda, C., Díaz, L., e Arrieta, J. (2014). Concorrência de previsão e algoritmos em modelação.
Serna, M. A., e Marín, J. L. (2009). Algoritmos genéticos: uma solução alternativa para otimizar o modelo de inventário (Q; r). Descarregado de http://200.12.180.26/ handle/10784/125.
Toledo, C. F. M., da Silva Arantes, M., Hossomi, M. Y. B., França, P. M., e Akartunah, K. (2015). Uma heurística relax-and-fix com fix-and-optimize aplicada a problemas de dimensionamento de lotes em vários níveis. *Journal of Heuristics, 21(b),* 687-717.
Toro Ocampo Eliana M, G. E. M. (2005). MÉTODO HÍBRIDO ENTRE O ALGORITMO GENÉTICO CHU-BEASLEY E O RECOZIMENTO SIMULADO PARA A SOLUÇÃO DO PROBLEMA DE ATRIBUIÇÃO GENERALIZADA.
UNED (2017). *Introdução à programação matemática: Apresentação.* Universidad Nacional de Educación a Distancia: Espanha, http ://portal .uned. es/portal/page?_pageid= 93,47794967&_dad=portal&_schema=PORTAL&idAsignatura=31104021.
Valero, D. F. A., Sabater, D. J. P. G., Bas, D. A. O., e Díaz, M. A. (2001). Modelo de programação/sequenciamento da produção para um sistema flow shop com diferentes requisitos de acordo com as etapas. In *Iv congreso de ingeniería de organización.*
Vancells Flotats, J. (2002). Algoritmos e programas. *UOC/Digitalia.*
Né\e¿, M. C., e Montoya, J. A. (2007). Metaheurísticas: uma alternativa para a solução de problemas combinatórios em gestão de operações. *Revista Eia(8),* 99-115.
Villay Pereira, A., et al. (2013). *Análise e desenvolvimento do sistema de planeamento e controlo da produção numa empresa de vestuário* (Tese de licenciatura). Universidad Autónoma de Occidente.

Apêndices

RESULTADOS MODELO EXACTO CLSD

GRUPO 1 INSTÂNCIA	Modelo CLSD			GRUPO 2 INSTÂNCIA	Modelo CLSD			GRUPO 3 INSTÂNCIA	Modelo CLSD			SHOUT 4 INSTÂNCIA	Modelo CLSD			SHOUT 5 INSTÂNCIA	Modelo CLSD		
	Bobj	Tempo (s)	GAP		Bobj	Tempo (s)	GAP		Bobj	Tempo (s)	GAP		Bobj	Tempo (s)	GAP		Bobj	Tempo (s)	GAP
1	1,85	0,11	0	l	1,85	0	0	l	1,85	0	0	1	1,85	0	0	1	1,85	0,02	0
2	1,85	0,02	0	2	1,85	0,03	0	2	1,85	0	0	2	1,85	0	0	2	1,85	0,02	0
3	15336	0,03	0	3	15336	0,03	0	3	15336	0	0	3	15336	0,02	0	3	15,55	0,52	0
4	14,036	0,02	0	4	14,036	0,02	0	4	14,036	0	0	4	14,036	0,02	0	4	22,852	0,52	0
5	13,534	0,03	0	5	13,534	0,02	0	5	13,534	0	0	5	13,534	0,02	0	5	20,301	0,52	0
6	0	0,01	0	6	0	0,02	0	6	0	0,02	0	6	0	0,02	0	6	18,513	0,02	0
7	1,98	0,03	0	7	1,98	0,03	0	7	1,98	0,03	0	7	1,98	0,03	0	7	415463,96	0,63	4,4E-06
8	0,99	0,02	0	8	0,99	0,03	0	8	0,99	0,03	0	8	0,99	0,03	0	8	3,96	0,59	0
9	68,848	0,03	0	9	68,848	0,03	0	9	68,848	0,02	0	9	68,848	0,03	0	9	68,848	0,47	0
10	0	0,02	0	10	0	0,02	0	10	0	0,02	0	10	0	0,02	0	10	14,97	0,02	0
11	0	0,03	0	ll	0	0,01	0	11	0	0,03	0	11	0	0,03	0	11	0	0,03	0
12	2,7	0,03	0	12	2,7	0,03	0	12	V	0,05	0	12	2,7	0,03	0	12	521003,6	0,67	5,5E-07
13	0	0,03	0	13	0	0,02	0	13	0	0,02	0	13	0	0,02	0	13	12554142,9	0,63	0
14	133,548	0,16	0	14	133,584	0,17	0	14	133,548	0,16	0	14	133,584	0,14	0	14	220975362	0,88	13E-05
15	110,928	028	0	15	110,928	027	0	15	110,928	03	0	15	110,928	028	0	15	57,503	336	3,4E-06
16	120,576	0,16	0	16	120,624	0,17	0	16	120,576	0,14	0	16	120,576	0,16	0	16	63,84	8,34	63E-05
17	98208	0,16	0	17	98,208	0,17	0	17	98208	0,16	0	17	98208	0,19	0	17	51,039	1,53	3,8E-05
18	141,84	10,92	9,6E-07	18	141,84	11,06	3.5E-07	18	141,84	9,73	0	18	141,84	12,59	0	18	7236	15,63	1,IE-08
19	161,116	12,78	4,6E-08	19	161,116	8,7	0	19	161,116	11,84	0	19	161,116	11,53	92E-05	19	8131	21,8	5,7E-05
20	151,68	20,72	92E-05	20	151,68	14,56	63E-05	20	151,68	1831	9,4E-05	20	151,68	1736	6,4E-06	20	75,84	14,41	0
21	330,51	50,13	0,0008	21	330,51	39,64	3,5E-O5	21	330,51	40,95	0,0008	21	330,51	46,64	0	21	179216	3600	0,0132
22	338,87	47,77	0	22	338,87	35,77	0	22	338,87	47,31	1JE-16	22	338,87	36,48	0	22	17827	360527	0,00288
23	331,65	40,36	0	23	331,65	46,88	0	23	331,65	36,06	0	23	331,65	52Д2	0	23	17822	3608,47	0,0053

Quadro 1: Resultados exactos do modelo CLSD

Fonte: Elaboração própria

Parametrização Algoritmo genético

Os resultados obtidos para a conceção das experiências são apresentados na tabela 2, onde Bobj representa a função objetivo da melhor solução obtida e Time o tempo de computação associado a cada uma delas.

INSTÂNCIA	SOLUÇÕES	PC	PM	Bobj	Tempo	INSTÂNCIA	SOLUÇÕES	CP	VIP	Bobj	Tempo
20	100	0,65	0Д5	750	251	21	100	0,65	0,15	1577	382
20	100	_0 65	0Д5	718	245	21	100	0,65	0Д 5	1520	533
20	100	0,65	0,35	679	273	21	100	0,65	0,35	1561	531
20	100	0,75	0Д5	727	335	21	100	0,75	0,15	1540	378
20	100	0,75	0Д5	762	379	21	100	0,75	ОД 5	1610	378
20	100	0,75	0,35	743	210	21	100	0,75	0,35	1566	472
20	100	0,85	0Д5	767	285	21	100	0,85	0,15	1611	573
20	100	0,85	0Д 5	780	236	21	100	0,85	ОД 5	1561	**446**
20	100	0,85	0,35	722	398	21	100	0,85	0,35	1578	560
20	200	0,65	0Д5	716	696	21	200	0,65	0,15	1553	11.07
20	**200**	0,65	ОД 5	734	767	21	200	0,65	ОД 5	1551	1382
20	200	0,65	0,35	762	423	21	200	0,65	0,35	1548	1382
20	**200**	0,75	0,15	740	721	21	200	0,75	0,15	1564	739
20	200	0,75	ОД 5	725	774	21	200	0,75	ОД 5	1493	741
20	**200**	0,75	0,35	719	417	21	200	0,75	0,35	1531	743
20	200	0,85	0Д5	739	479	21	200	0,85	0,15	1582	967
20	**200**	0,85	ОД 5	726	791	21	200	0,85	ОД 5	1580	716
20	200	0,85	0,35	724	543	21	200	0,85	0,35	1534	665
20	500	0,65	0,15	732	1967	21	500	0,65	0,15	1553	2005
20	500	0,65	ОД 5	715	1970	21	500	0,65	ОД 5	1512	2649
20	500	0,65	0,35	726	1774	21	500	0,65	0,35	1545	1659
20	500	0,75	0Д5	732	1252	21	500	0,75	0,15	1557	1919
20	500	0,75	ОД 5	721	1971	21	500	0,75	ОД 5	1537	2650
20	500	0,75	0,35	743	1536	21	500	0,75	0,35	1554	2310
20	500	0,85	0,15	714	1602	21	500	0,85	0,15	1563	1655
20	500	0,85	ОД 5	740	1176	21	500	0,85	ОД 5	1545	2491
20	500	0,85	0,35	**711**	1787	21	500	0,85	0,35	1503	1892

Quadro 2: Resultados da parametrização

Fonte: Elaboração própria

A partir do exposto, optou-se por realizar uma análise de variância (AXOVA) para cada uma das variáveis de resposta, este delineamento de experimentos foi desenvolvido no *software* R versão 4.1.2, o resumo dos dados pode ser observado na tabela 3:

Instância	Soluções	CP	PM	Bobj	Tempo
20 : 27	100 : 18	0,65 : 18	0,15 : 18	Mínimo: 679,0	Mínimo: 210,0
21 : 27	200 : 18	0,75 : 19	0,25 : 18	1º Qu: 728,2	1º Qu: 428,8
	500 : 18	0,85 : 20	0,35 : 18	Mediana: 1136,5	Mediana: 740,0
				Média: 1142,5	Média: 1021,9
				3º Qu: 1553,0	3º Qu: 1641,8
				Máximo: 1611,0	Máximo: 2650,0

A anova para a variável Bobj é apresentada no quadro 4:

Tabela de análise de variância

Resposta: Bobj

	Df	Soma Sq	Média Sq	Valor F	Pr(>F)
Soluções	2	3946	1973	3,8267	0,02902 *
PC	2	1444	722	1,4005	0,25679
PM	2	2099	1050	2,0357	0,14219
Instância	1	9095449	9095449	17640,8224	<2e-16 ***

Resíduos	46	23717	516

Códigos dos sinais 0 "***" 0,001 "**" 0,010 ,050 ,1 " 1

Quadro 4: ANO VA em relação à qualidade da solução

Fonte: Elaboração própria

Considerando a tabela 4, observa-se que os parâmetros CP e MP não têm significância em relação à variável Bobj, enquanto o número de soluções pode influenciar o resultado desta, o fator instância é omitido por ser evidente que são instâncias de tamanhos diferentes e por isso darão resultados distantes uns dos outros. O pressuposto de independência é verificado na Figura 1, enquanto que os pressupostos de normalidade e homocedasticidade para esta análise são testados na tabela 5, utilizando o teste de Kolmogorov-Smirnov e Fligner-Killeen, respetivamente.

O teste de Kolmogorov-Smirnov foi escolhido por ser o teste mais recomendado para verificar o pressuposto de normalidade quando o tamanho da amostra excede 50 observações (Novales, 2010). O teste de Fligner-Killeen foi considerado um dos testes de homocedasticidade mais robustos contra desvios da normalidade (Conover, Johnson e Johnson, 1981). Em todos os testes, o valor de p é superior ao nível de significância de 5 %, e a Figura 2 mostra o histograma dos resíduos obtidos, que se assemelha à forma de sino de uma distribuição normal.

Variável de resposta: Bobj

Tipo de ensaio	**valor de p**
Normalidade	0,1944
Homoscedasticidade (Soluções)	0,3853
Homoscedasticidade (CP)	0,9675
Homoscedasticidade (MP)	0,2378

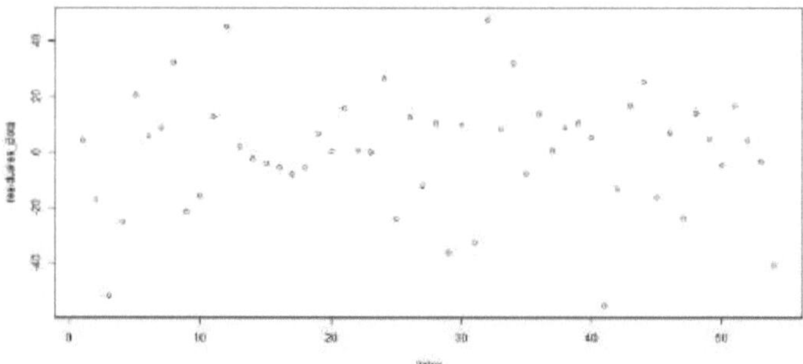

Figura 1: Gráfico de independência da função objetivo

Fonte: Elaboração própria

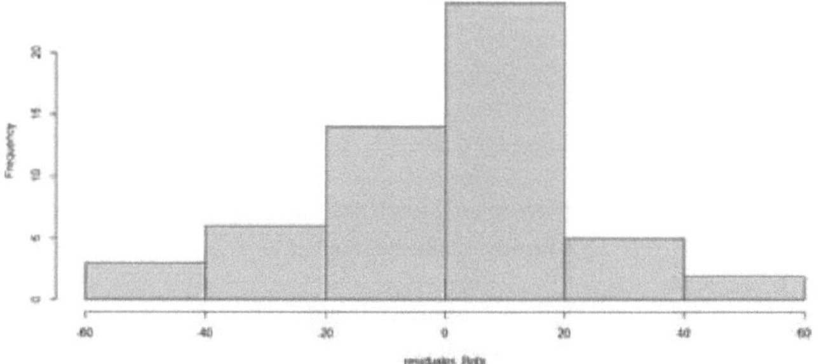

Figura 2: Histograma da função objetivo

Fonte: Elaboração própria

A Tabela 6 mostra a anova baseada na variável Tempo.

Tabela de análise de variância

Resposta: Tempo

	Df	Soma Sq	Média Sq	Valor F	Pr(= F)
Soluções	2	22425042	11212521	198,3687	<:2,2e-16 ***
CP	2	225988	112994	1,9991	0,14706
PM	2	302951	151476	2,6799	0,07927
Instância	1	1391053	1391053	24,6101	1,002e-05 ***
Resíduos	46	2600087	56524		

Códigos dos sinais 0 "***" 0,001 "**" 0,01 "*" 0,050 ,1 " 1

Na tabela 6 pode ver-se, a partir dos valores p de cada fator, que o número de soluções influencia estritamente o tempo de computação, ao contrário das probabilidades de cruzamento e mutação. O pressuposto de independência é verificado na Figura 3, enquanto que os pressupostos de normalidade e homocedasticidade para esta análise podem ser verificados na tabela 7, para os quais foram utilizados os testes de Kolmogorov-Smirnov e Fligner-Killeen, respetivamente, tendo em conta as razões acima referidas. Em todos os testes o valor de p é superior ao nível de significância de 5 %, para além disso na Figura 4 pode observar-se o histograma dos resíduos obtidos, que é semelhante à forma de sino de uma distribuição normal.

Variável de resposta: Tempo

Tipo de ensaio	**valor de p**
Normalidade	0,9642
Homoscedasticidade (Soluções)	0,07792
Homoscedasticidade (CP)	0,9663
Homoscedasticidade (MP)	0,2121

Tabela 7: Testes estatísticos do tempo de computação

Fonte: Elaboração própria

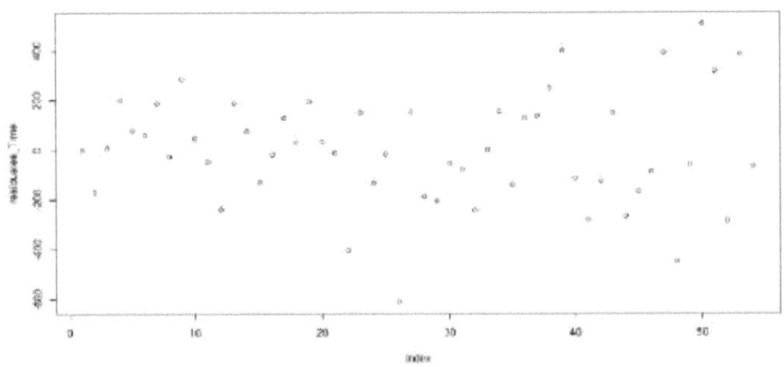

Figura 3: Gráfico de independência do tempo computacional

Fonte: Elaboração própria

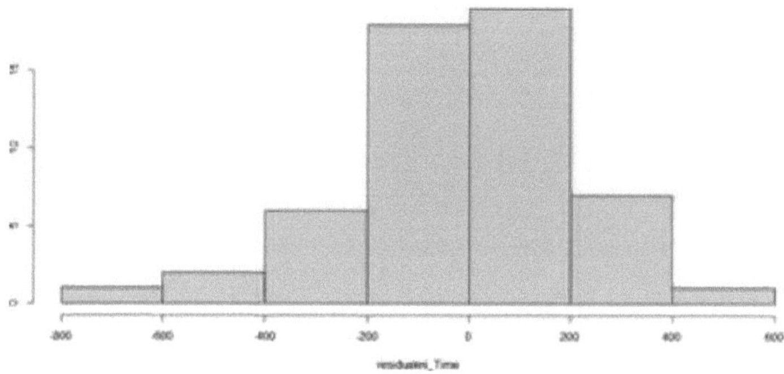

Figura 4: Histograma do tempo de computação
Fonte: Elaboração própria

RESULTADOS MODELO EXACTO CLSD

GRUPO 1	Modelo CLSD			GRUPO 2	Modelo CLSD			GRUPO 3	Modelo CLSD			GRUPO 4	Modelo CLSD			GRUPO 5	Modelo CLSD		
INSTÂNCI A	Bob]	Tims é)	GAP	INSTÂNCI A	Bob]	O temp	GAP	INSTÂNCI A	Bob]	O temp	GAP	INSTÂNCI A	Bob]	O temp	GAP	INSTÂNCI A	Bob]	Tempo	GAP
1	1,85	0,11	0	1	1,85	o é) 0	0	1	1,85	o é) 0	0	1	1,85	o é) 0	0	1	1,85	(s) 0,02	0
2	1,85	0,02	0	2	1,85	0,03	0	2	1,85	0	0	2	1,85	0	0	2	1,85	0,02	0
3	15,336	0,03	0	3	15,336	0,03	0	3	15,336	0	0	3	15,336	0,02	0	3	15,55	0,52	0
4	14,036	0,02	0	4	14,036	0,02	0	4	14,036	0	0	4	14,036	0,02	0	4	22,852	0J2	0
5	13,534	0,03	0	5	13,534	0,02	0	5	13,534	0	0	5	13,534	0,02	0	5	20,301	0,52	0
6	0	0,01	0	6	0	0,02	0	6	0	0,02	0	6	0	0,02	0	6	18,513	0,02	0
7	1,98	0,03	0	7	1,98	0,03	0	-	1,98	0,03	0	-	1,98	0,03	0	7	415463,96	0,63	4,4E-06
8	0,99	0,02	0	8	0,99	0,03	0	8	0,99	0,03	0	8	0,99	0,03	0	8	326	0J9	0
9	68,848	0,03	0	9	68,848	0,03	0	9	68,848	0,02	0	9	68,848	0,03	0	9	68,848	0,47	0
10	0	0,02	0	10	0	0,02	0	10	0	0,02	0	10	0	0,02	0	10	14,97	0,02	0
11	0	0,03	0	11	0	0,01	0	11	0	0,03	0	11	0	0,03	0	11	0	0,03	0
12	2,7	0,03	0	12	2,7	0,03	0	12	2,7	0,05	0	12	2,7	0,03	0	12	521003,6	0,67	5,5E.- O7
13	0	0,03	0	13	0	0,02	0	13	0	0,02	0	13	0	0,02	0	13	12554142, 9	0,63	0
14	133,548	0,16	0	14	133,584	0,17	0	14	133,548	0,16	0	14	133,584	0,14	0	14	220975,36 2	0,88	13E-05
15	110,928	028	0	15	110,928	027	0	15	110,928	03	0	15	110,928	028	0	15	57,503	3,36	3,4E-06
16	120,576	0,16	0	16	120,624	0,17	0	16	120,576	0,14	0	16	120,576	0,16	0	16	63,84	8,34	63E-05
17	98208	0,16	0	17	98208	0,1?	0	17	98208	0,16	0	17	98208	0,19	0	17	51,039	1,53	3,8E-O5
18	141,84	10,9 2	9,6E4J 7	18	141,84	11,06	3ДE- 07	18	141,84	9,73	0	18	141,84	12,5 9	0	18	7226	15,63	1ДДE4 B
19	161,11 6	12,7 8	4,6E-08	19	161,11 6	8,7	0	19	161,11 6	11,84	0	19	161,11 6	11,5 3	92E- 05	19	8121	21,8	5,7E- O5
20	151,68	20,7 2	92.E.- 05	20	151,68	14,56	63E. -05	20	151,68	18,31	9,4E- 05	20	151,68	17,3 6	6.4E -O6	20	75,84	14,41	0
21	330,51	50,1 3	0,0008	21	330,51	39,64	3,5E -O5	21	330,51	40,95	0,000 8	21	330,51	46,64	0	21	179216	3600	0,0132
22	338,87	47,7 7	0	22	338,87	35,77	0	22	338,87	47,31	1,7E- 16	22	338,87	36,48	0	22	17827	3605 27	0,002SS
23	331,65	40,3 6	0	23	331,65	46,88	0	23	331,65	36,06	0	23	331,65	5222	0	23	17822	3608,4 7	0,0053

Printed by Books on Demand GmbH, Norderstedt / Germany